U0309508

航天科技图书出版基金资助出版

WILEY

航天器充电效应防护设计手册

Guide to Mitigating Spacecraft Charging Effects

［美］ 亨利·B·加勒特 (Henry B. Garrett) 著
艾伯特·C·威特利斯 (Albert C. Whittlesey)

信太林 张振龙 周 飞 译

中国宇航出版社

·北京·

版权所有　侵权必究

图书在版编目(CIP)数据

　航天器充电效应防护设计手册/(美)加勒特(Garrett,H.B.)，(美)威特利斯(Whittlesey,A.C.)著．信太林，张振龙，周飞译.--北京：中国宇航出版社，2016.6
　书名原文：Guide to Mitigating Spacecraft Charging Effects
　ISBN 978-7-5159-1111-3

　Ⅰ.①航… Ⅱ.①加… ②威… ③信… ④张… ⑤周… Ⅲ.①航天器-充电-防护设备-设计-技术手册 Ⅳ.①V442-62

　中国版本图书馆 CIP 数据核字(2016)第 100148 号

责任编辑 彭晨光	
责任校对 祝延萍	**封面设计** 宇星文化

出 版 **发 行**	**中國宇航出版社**		
社 址	北京市阜成路 8 号 (010)60286808	**邮 编**	100830 (010)68768548
网 址	www.caphbook.com		
经 销	新华书店		
发行部	(010)60286888 (010)60286887		(010)68371900 (010)60286804(传真)
零售店	读者服务部 (010)68371105		
承 印	北京画中画印刷有限公司		
版 次	2016 年 6 月第 1 版		2016 年 6 月第 1 次印刷
规 格	880×1230	**开 本**	1/32
印 张	6.5	**字 数**	175 千字
书 号	ISBN 978-7-5159-1111-3		
定 价	98.00 元		

本书如有印装质量问题，可与发行部联系调换

译 序

航天器在轨运行期间，将遭遇多种恶劣空间环境，这些环境对航天器的稳定可靠运行构成了严重威胁。从1957年第一颗人造地球卫星发射成功至今50多年来，已经有许多航天器在空间环境的作用下出现故障甚至失效。在空间环境引起的故障中，由空间等离子体、高能电子环境与航天器相互作用产生的静电放电效应是其中最主要的原因。美国宇航公司曾统计了4家权威机构的数据库，调查表明在300余起由空间环境引起的航天器故障中，静电放电效应引起的故障约占54%。为减少静电放电效应对航天器的影响，国内外航天工作者开展了大量卓有成效的研究工作。本书由NASA的亨利·B·加勒特和艾伯特·C·威特利斯在总结最新研究成果的基础上撰写而成，是空间静电放电防护领域的重要参考著作。书中给出的基础原理、防护设计措施、测试方案等都具有很强的参考使用价值。目前国内还没有一本如此系统地介绍航天器静电放电防护设计的专业书，冀望本译著的出版，能对我国广大航天工作者深入了解空间环境，提高航天器静电放电防护设计水平有所裨益。

本书的翻译工作是由上海卫星工程研究所、中国科学院国家空间科学中心、北京航空航天大学、南京航空航天大学等单位的科研人员共同努力完成的。信太林、张振龙、周飞负责全书翻译的组织和协调工作。前言、第1章的译者为信太林，第2章的译者为郑汉生，第3、第5章的译者为张振龙，第4、第6章的译者为周飞，附录 A、B 的译者为黄朝艳，附录 C、D、E 的译者为全荣辉，附录 F、G 的译者为岳赟，附录 H 的译者为李宏伟，附录 I、J 的译者为张雷。张振龙、周飞对全书做了最终的校对和定稿。

在本书的翻译过程中，得到了韩建伟研究员、王立研究员和蓝增瑞研究员的支持和指导，在此表示感谢。此外，就书中涉及的航天电子学、天线、太阳电池等方面的专业知识，译者曾得到多位相关领域一线科研人员的帮助，也在此一并表示感谢。

航天器静电放电效应属于交叉学科，涉及到众多的学科领域，译者难以面面俱到，难免存在谬误之处，敬请读者批评指正。

译者
2015 年 7 月 2 日

前　言

　　本书的用途有几个方面：第一，它可以作为单独的参考书，其中包含详细的设计建议要求，以及减小航天器充电和静电放电效应威胁的流程；第二，它包含了大量附录和参考资料，可以帮助读者定量地理解和评估航天器充电现象。本书意在描述在什么条件下航天器充电会成为一个需要关注的问题，解释为什么会产生问题、罗列典型的设计方法，并对解决具体问题的设计过程进行介绍。本书可作为一本工程用的工具书，供航天工程师、系统设计师、项目管理者，以及其他关注航天器空间环境效应的人士使用。当然，将所有需要的知识集中到一本书里是不可能的，本书仅能作为初步的参考和核对，用来鉴别航天器充电对于某一特定任务而言是否存在隐患。如果结论是肯定的，建议项目管理者聘请有经验的静电放电及等离子体相互作用方面的专家进行详细的分析。本书参考了大量已发表和未发表文献中的空间环境数据和素材。需要说明的是，本书源自 2011 年 3 月 NASA 发布的 NASA-HDBK-4002A 技术手册。

　　航天器充电可定义为电荷在航天器材料内部或表面上的积累，是航天器在某些特定地球轨道或者其它行星轨道环境下发生的一个重要现象。航天器表面在空间等离子体环境作用下的电荷积累以及控制和减缓表面充电的设计，已经在 1984 年发布的 NASA TP-2361 (Design Guidelines for Assessing and Controlling Spacecraft Charging Effects) 手册中作了详细描述；航天器内部在高能带电粒子环境作用下的电荷积累以及控制和减缓内部充电的设计，也已经在 1999 年发布的 NASA-HDBK-4002（Avoiding Problems Caused by Spacecraft On-Orbit Internal Charging Effects）手册中作了详细描述。上述两本手册常常配套使用。

　　自这两本手册发布以来，对航天器充电效应的理解和减缓技术又有了很多新的进展，一些在航天器上应用的新技术也需要新的防护方法。本书期望能够很好地融合这两本手册，并体现出这些新的进展。与这两本手册一样，本书不可能罗列出所有可能的情况，对于特定的卫星任务，当充放电成为关键问题时，建议团队中有经验丰富的 ESD 工程师一起参与研制。

目　录

第1章 绪论

本书给出的工程指南和设计原则，可以为航天器设计人员提供帮助，用于减缓特定空间环境下危害航天器安全的表面和内部充电效应。本书在第2章介绍了航天器充电及放电的物理背景；第3章给出了设计指南；第4章介绍航天器充电相关试验技术；第5章描述了控制及监测技术；第6章从充电角度，讨论了哪些材料适于，或者不适于在航天器上使用；并在附录中收集了一些有用的资料，补充本书的正文内容。尽管期望能有一本全面的指南，但本书还做不到这一点，仅能就现阶段的技术发展做个粗略的概括。本书并非研究报告，也不针对某一具体的技术或航天活动。

当航天器穿越空间等离子体和高能带电粒子环境时，其材料、电子分系统会与这些环境发生相互作用，引起充电效应。充电效应会在航天器上积累电场并引发静电放电（ESD），这可能导致电源、导航、通信等分系统的中断或破坏，因此对航天器是有危害的。充电电荷也会吸附污染物，从而影响航天器的热控、光学仪器和太阳电池阵；此外，还可改变粒子轨迹，影响等离子体探测仪器的测量结果。在 NASA RP - 1375（Failures and Anomalies Attributed to Spacecraft Charging）手册中[1]，列举介绍了一些由于充电设计不充分导致航天任务失败的案例。

本书适用于穿越图 1 - 1 和图 1 - 2 所示风险区域的地球轨道航天器，包括中高轨道（MEO）、低地球轨道（LEO）、同步静止轨道（GEO）、地球极轨道（PEO），以及穿越其他高能等离子环境的航天器，例如：木星、土星和行星际太阳风充电环境。在设计轨道处于以上区域的航天器时，应评估表面与/或内部充电的风险。在 NASA RP - 1354（Spacecraft Environments Interactions：Protecting Against the

Effects of Spacecraft Charging）手册中[2]，简要介绍了减缓航天器充电的设计技术。

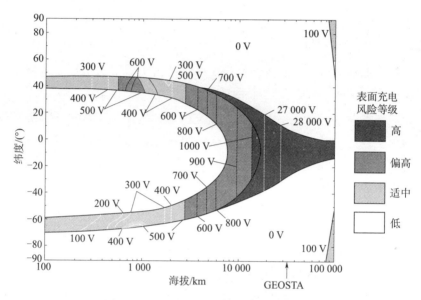

图 1 - 1　不同高度和纬度对应的航天器表
面充电风险等级[8-9]

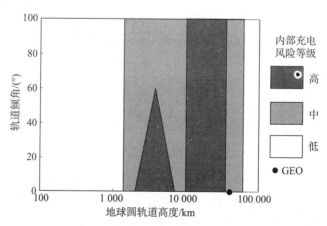

图 1 - 2　地球圆轨道航天器的内部充电风险等级

　　需要指出的是，本书不包含那些未涉及极区的小倾角 LEO 轨道航天器的充电效应，与之相关的内容包含在 NASA - STD - 4005[3] 和 NASA - HDBK - 4006[4]。本书的目的是补足这些标准，并应用于其没有涵盖到的其他区域。注意，对于小倾角 LEO 轨道航天器的充电效应，本书给出的减缓技术并不一定适用。有些航天器，例如位于 GEO 转移轨道，会经历表面和内部充电两类风险区域，这意味着防护技术需要兼顾两类效应。

　　本书不包含以下主题：

　　1）登陆设备的静电粉尘带电（例如：月球或火星登陆器）；

　　2）航天器自身的充电源（例如：各类电推进或等离子体源）；

　　3）国际空间站（ISS）的特殊注意事项（包含大量仅适用于 ISS 的设计理念）；

　　4）太阳电池阵驱动机构充电（参考文献［3，4］）；

　　5）与磁场相互作用引起的航天器充电（相关信息见绳系卫星和 ISS 参考文献）；

　　6）火星，金星，小行星或月球的充电环境（包括表面充电环境）；

　　7）等离子体接触器相关细节（见 ISS 参考文献）；

　　8）舱外活动（EVA）需求（见 ISS 参考文献）；

　　9）待定或未来项目的设计建议；

　　10）莫尼亚轨道（Molniya）。

　　图 1 - 1 和图 1 - 2 示意性地给出了需要考虑充电的大致区域。图 1 - 1 所示为近地环境中可能发生的最恶劣表面充电情况，数据源自对处于阴影中的铝球形航天器的计算结果。图中的南北纬不对称，是由于考虑了磁北极最为倾斜的情况。需要注意，当轨道高度超过 400 千米时，航天器充电会超过 400 或 500 V，这可能引发放电。事实上，国防气象卫星计划（DMSP）与其他卫星项目已多次报告，卫星处于极区时充电电位非常之高（大约 -4 000 V），而轨道高度为 800 千米的先进地球观测卫星二号（ADEOS - Ⅱ）则因充电效应导致

完全失效[5-7]。

图1-2所示为地球附近的内部充电风险区域。内部充电通常有较长的时间尺度，在评估风险区域时假定某些轨道高度范围内的充电效果是平均的，这近似反映出了特定轨道航天器的内部充电风险。制作该图的目的是为了大致说明哪些区域需要考虑内部静电放电（IESD）问题。

在本书中，内部充电与表面充电的区别在于，内部充电是由高能带电粒子引起的，这些带电粒子可穿透航天器舱体并沉积在受害目标附近，而表面充电发生在可见的航天器外表面。表面放电由于发生在航天器外面，放电能量需要经过传导耦合，而非直接作用于航天器内部的受害目标，放电的能量会因此减弱，故而对内部电子设备产生的影响较小。当然，外部导线和天线馈源，更容易受到表面放电的影响。相对而言，如果电荷沉积在电路板、导线绝缘皮或连接器绝缘材料上，可能引发对插针或芯线的放电，即内部放电，其放电的能量几乎是没有损失的。

地球同步静止轨道（地球赤道平面上的圆形轨道，高度35 786千米）也许是最常见的航天器易受内部充电影响的轨道区域，但同样的问题也会出现在较低高度的轨道、极轨道、木星轨道等。内部充电有时也被称为深层电介质充电，由于未接地的导体也存在内部静电放电的风险，所以使用"电介质"一词恐有歧义。本书详细介绍了减缓在轨航天器表面充电和内部充电的必要方法，二者的物理原理和解决方案有很多相似的地方。

参 考 文 献

[1] R. D. Leach and M. B. Alexander, Eds. , Failures and Anomalies Attributed to Spacecraft Charging, NASA Reference Publication 1375; National Aeronautics and Space Administration, August 1995.

[2] J. L. Herr and M. B. McCollum, Spacecraft Environments Interactions; Protecting Against the Effects of Spacecraft Charging, NASA – RP – 1354, National Aeronautics and Space Administration, 1994.

[3] D. C. Ferguson, Low Earth Orbit Spacecraft Charging Design Standard, NASA –STD – 4005, 16 pages, National Aeronautics and Space Administration, June 3, 2007.

[4] D. C. Ferguson, Low Earth Orbit Spacecraft Charging Design Handbook, NASA – HDBK – 4006, 63 pages, National Aeronautics and Space Administration, June 3, 2007.

[5] D. L. Cooke, "Simulation of an Auroral Charging Anomaly on the DMSP Satellite," in 36th Aerospace Sciences Meeting and Exhibit, Reno, Nevada, AIAA – 98 – 0385, January 12 – 15, 1998.

[6] S. Kawakita, H. Kusawake, M. Takahashi, H. Maejima, J. Kim, S. Hosoda, M. Cho, K. Toyoda, and Y. Nozaki, "Sustained Arc Between Primary Power Cables of a Satellite," 2nd International Energy Conversion Engineering Conference, Providence, Rhode Island, August 16 – 19, 2004.

[7] H. Maejima, S. Kawakita, H. Kusawake, M. Takahashi, T. Goka, T. Kurosaki, M. Nakamura, K. Toyoda, and M. Cho, "Investigation of Power System Failure of a LEO Satellite," 2nd International Energy Conversion Engineering Conference, Providence, Rhode Island August 16 – 19, 2004.

[8] R. W. Evans, H. B. Garrett, S. Gabriel, and A. C. Whittlesey, "A Preliminary Spacecraft Charging Map for the Near Earth Environment," presented at Spacecraft Charging Technology Conference, Naval Postgraduate School, Monterey, California, November 1989.

[9] A. Whittlesey, H. B. Garrett; P. A. Robinson, Jr. , "The Satellite Space Charging Phenomenon, and Design and Test Considerations," paper presented at IEEE International EMC Symposium. Anaheim, California, 1992.

第 2 章　充放电物理基础

本章叙述了航天器充放电效应涉及的基本物理概念。公式和实例详见附录。

2.1　物理概念

航天器处于等离子体和高能粒子环境中，当环境中的带电粒子停留在航天器表面或内部的电介质材料和导体中时，就会导致充电问题。其他影响充电的因素还包括偏置的太阳电池阵以及等离子体发射器；此外，光电发射，即太阳光使航天器表面材料发射光电子，同样能导致充电。至于充电是否会引发问题，则取决于充电的后续发展。

2.1.1　等离子体

等离子体是一种部分电离的气体。中性气体中一些原子和分子的部分、甚至全部电子被剥离，产生离子和电子的混合体，其电荷屏蔽效应能延伸至几个德拜长度。通常，空间等离子体环境中的离子成分，以最简单的离子——质子（即电离氢，H^+）最为丰富，除了 LEO 轨道以离子化氧（O^+）为主。等离子体中电子和离子的能量通常以电子伏（eV）为单位，1eV 也就是带有 1 个电子电量 e 的电子或离子在 1 V 电势差的加速下所获得的动能。而温度（T）是用于描述一群粒子的无序微观运动的物理量，也常被等离子体物理学家用作表示等离子体动能的另一种单位。对于电子而言，数值上 T（K）等于 T（eV）× 11 604。

粒子的动能可表示为

$$E = \frac{1}{2}mv^2 \tag{2-1}$$

式中　E——能量；

　　　m——粒子的质量；

　　　v——粒子的速度。

由于电子与质子的质量差异（电子和质子的质量比约为 1 :
1 836），热平衡状态下，等离子体中电子的速度约为质子的 43 倍，
这意味着入射到航天器表面的电子净瞬时通量或电子电流，要比离
子大得多（地球同步轨道中，典型的电子通量量级为 nA/cm^2，而质
子通量量级为 pA/cm^2）。这种通量的差异正是导致充电效应的原因之
一（充电区域中负电荷过剩）。对于电子，若能量 E 以 eV 为单位，则
电子速度为 $\sqrt{E} \times 593$ km/s；而对于质子，则为 $\sqrt{E} \times 13.8$ km/s。

虽然等离子体通常用其平均能量来描述，但实际上是存在能量
分布的。与表面充电有关的电子能量一般处于 0~50 keV 之间，而内
部充电则与能量更高的电子相关（100 keV~3 MeV）。那些高于平均
能量的等离子体，其通量与能量的关系（或者称之为能谱）决定了
航天器内部充电的发生程度。

图 2-1 是一个简单的等离子体环境示意，电子（e^-）与离子
（H^+）随机运动的方向（各向同性）和速度（存在能谱分布）各异。

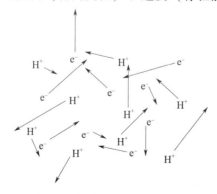

图 2-1　简单的等离子体示意图

图 2 - 2 则显示了等离子体与航天器表面的相互作用。为估算表面充电，需要清楚了解 1 eV ~ 100 keV 的电子和离子能谱。虽然空间中的通量有一定的方向性，但处于等离子体中的航天器其相对方位不确定，故本书假定通量是各向同性的。

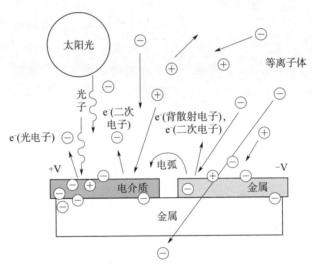

图 2 - 2　航天器表面与等离子体的相互作用

2.1.2　穿透

电子和离子能穿透物质。不同种类粒子（电子、质子或其他离子）的穿透深度取决于粒子的能量、质量以及靶材料的成分。图 2 - 3 所示为不同能量电子、质子在铝中的平均射程，反映了粒子在铝板中的大致穿透深度。一定能量的粒子，只有其对应的射程大于航天器屏蔽层厚度时，才能穿透进入航天器内部。对于其他材料，可以近似认为带电粒子的等效穿透深度（单位 g/cm^2，材料厚度与密度的乘积）与在铝中相同。

本书使用术语"表面充电"和"内部充电"。一些文献中也将内部充电称为"掩埋电介质充电"或"深层电介质充电"，但这些

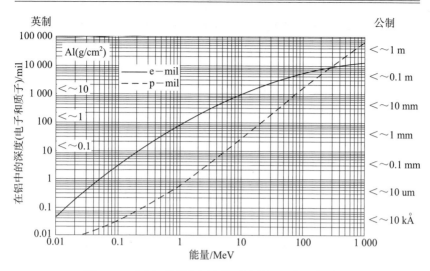

图 2-3　电子/质子在铝中的平均射程和能量的关系

1—质子沉积在平均射程附近很小的范围内，而电子沉积范围则大得多；

2—表面充电：约 0~50 keV 的电子；

3—表面充电与内部充电的过渡：约 50 keV~100 keV 的电子；

4—内部充电：大于 100 keV 的电子；

5—地球同步轨道中，内部充电关注的电子能量范围为 0.1 MeV~3 MeV（约 3~110 mil 的铝屏蔽厚度）；

6—图表数据来自 http://physics. nist. gov/Star[18] 的 ESTAR 与 PSTAR。（注：在线数据库 ESTAR，PSTAR 和 ASTAR 用于计算电子、质子及氦离子在材料中的穿透能力、射程及粒子数量）

术语容易使人误以为只有电介质材料才能积累电荷。事实上不仅电介质能积累电荷而引发放电造成损害，未接地导体同样能积累电荷，也应将其考虑为内部充放电的危险因素。其实，未接地导体一旦放电，它比电介质放电有更高的峰值电流与电流变化率，因而威胁也更大。

对于典型的航天器结构，通常存在一个相对的"内部"区域，我们假设该区域至少有 3 mil 厚的等效铝屏蔽，则内部充电对应的电子能量高于 100 keV。表面充电发生在航天器外层，对应约 2 mil 厚的铝或 0~50 keV 的电子。显然，表面充电和内部充电的临界点取决于航天器具体结构。由于相同能量下的电子通量比质子通量高，而且质子穿透能力弱，进入航天器内部的质子通量可以忽略不计，因此内部充电效应中我们一般不考虑质子的影响。而对于质量更大的粒子，其通量更低，危害就更小了。

电子在材料中可能沉积在最大穿透深度以内的任意区域，且电子能谱具有连续性，所以其穿透深度和充电区域也是从材料外表面到材料内部连续的。这里所谓的内部充电，相当于在航天器"法拉第笼"内的充电。当航天器具有 30 mil 或更厚的等效铝屏蔽法拉第笼时，内部充电效应只与能谱中 500 keV 以上的电子和 10 MeV 以上的质子有关。GEO 轨道中，内部充电考虑的电子能量范围为 100 keV~3 MeV。下限为 100 keV 是考虑到大多数航天器都具有至少 3 mil 厚的等效铝屏蔽；而上限为 3 MeV，是因为通常情况下，GEO 环境中高于 3 MeV 的电子通量不足以导致充电问题。

图 2-4 为高能电子穿透进入航天器内部的示意图。穿透的电子会停留在电介质中或未接地的导体上。如果电子累积量过大，航天器内部形成的强电场会导致对附近电路的静电放电（ESD）。内部充电虽然与表面充电类似，但不同之处在于，航天器外表面几乎没有

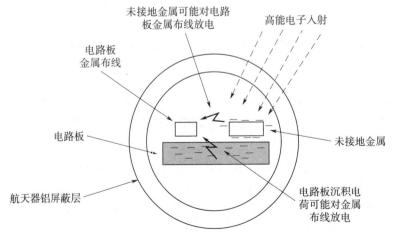

图 2-4　内部充电示意图

电路会直接暴露于充放电环境中。因此，虽然内部充电更加缓慢，但会对电路造成更大的直接威胁。

在本书中，ESD 指广义上的静电放电，或者指表面放电；而 IESD 则指航天器内部区域发生的静电放电。

2.1.3　电荷沉积

分析内部充电风险及采取防护设计的第一步，是了解航天器中电荷沉积的情况。明确材料内部或表面的电荷沉积量和沉积速率非常重要，因为这些量决定了电荷的分布及局部电场。当局部电场超出材料绝缘强度，或不同表面间电势差超过临界值时，就会出现电击穿（放电）现象。触发放电有多种机制，包括微流星体或空间碎片撞击造成的等离子体云。放电脉冲的幅度与脉宽取决于电荷沉积情况，这些量也决定了对航天器电路系统可能造成的破坏程度。

电荷沉积不仅仅与航天器结构有关，还与外部的电子能谱有关。给定电子能谱和等效铝屏蔽厚度，就可以通过穿透深度与能量的关系曲线（图 2-3）对电子沉积情况进行估算，从而预估放电的可能性。然而由于航天器硬件几何结构的复杂性，为更精确求得航天器内某部件的电荷沉积情况，通常更好的办法是采用专门的电子输运程序来计算。附录 B 与 C 中列出了部分相关的计算程序。

2.1.4　电导率与接地

材料电导率对于确定放电击穿的可能性非常重要。实际上，内部充电风险在于电荷积累产生强电场而引发的 ESD，电荷积累取决于沉积之后能够保留在材料内的电荷。GEO 轨道环境中，可导致内部充电的电子通量量级约为 1 pA/cm^2（1 pA = 10^{-12}A），在接地情况下，10^{12} $\Omega \cdot$ cm 量级的电阻率就会将这些电荷导走，如此局部强电场（$10^5 \sim 10^6$ V/cm）的情况就不会发生，也不会引起放电。然而，现代航天器采用的诸如 Teflon$^{®}$，Kapton$^{®}$、FR4 电路板和保形涂料等电介质的高电阻率会带来麻烦（见 6.1 节）。如果内部电荷沉积速率超出泄放速率，这些电介质就会积累电荷，直至可能发生向附近导体的放电。如果该导体通向或者靠近敏感的电路系统，放电就会造成干扰甚至破损。

金属虽然导电性能良好，但当其被高于 10^{12} Ω 的电阻隔离成为孤立导体时，也会出现问题。会产生孤立导体（并非希望产生）的典型情况有：辐射点屏蔽、被刻意绝缘的结构、电容器盒、集成电路（IC）和混合电路盒、变压器铁芯、继电器线圈盒，以及在设计上、或者由于开关所导致的孤立导线。以上这些孤立导体都会带来内部充电风险，应仔细检查。

2.1.5　击穿电压

当样品（或气隙）的绝缘强度不能承受某一临界电压时，会发生击穿，此电压即为击穿电压。它的大小取决于材料绝缘强度（V/mil 是表示方法之一）以及材料厚度。根据研究结果，材料的绝缘强度与厚度有关，通常材料越厚，单位厚度的绝缘强度越低。实际上，材料制造过程中产生的瑕疵或者是操作不当都会造成绝缘强度的变化。当材料的确切绝缘强度未知时，根据经验，大多数常用的航天器电介质材料，在内部电场超过 2×10^5 V/cm（2×10^7 V/m，508 V/mil）时，可能会发生击穿。而在实际应用中，印刷电路板（PCB）不可避免地存在尖角、接口和穿孔，所以其击穿电压也许会更低。

2.1.6　介电常数

介电常数或电容率是材料内电场与真空中电场比较的量度，是描述电介质材料特性的常用物理量。介电常数（ε）通常表示为真空介电常数（$\varepsilon_0 = 8.85\times10^{-12}$ F/m）与材料相对介电常数（ε_r，无量纲量）的乘积（$\varepsilon = \varepsilon_0 \times \varepsilon_r$）。航天器绝缘材料的相对介电常数范围通常在 2.1 至 7 之间。如果某材料的相对介电常数未知，可以假设其约为 2.7（处于 Teflon® 与 Kapton® 之间）。附录 E.7 举例说明了如何利用介电常数计算材料表面电位衰减的时间常数。

图 2-6 所示为 GEO 轨道环境最恶劣情况下的内部充电相关电子能谱，它采用的是当 GOES 卫星（Geosynchronous Operational Environmental Satellite）的 $E>2$ MeV 电子通量探测数据升至极高水平时，SOPA 探测器（Synchronous Orbit Particle Analyzer）在同一时期内探测到的最恶劣电子能谱数据。该事件的置信度为 99.9%（在 3 年中有 1 天如此）。附录 B.1.2.3 和 B.1.2.4 分别介绍了 GOES 和 SOPA。GEO 轨道积分电子能谱的形状与通量都会随着时间改变。在图 2-6 中，同时给出了 NASA AE8min 模型[4] 在同一能量区间内计算得到的长期平均电子能谱。长期平均的 AE8 电子能谱与短期的最恶劣能谱之间的差异，反映了地球空间辐射环境的特点。恶劣环境虽没那么频繁，但的确会发生。此外，GEO 轨道环境还随经度而变化，在 200°E 处有最大通量（参见图 2-6）。

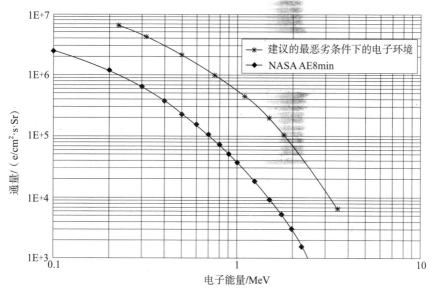

图 2-6　GEO 最恶劣环境的电子积分通量

注：上面的曲线为最恶劣短期 GEO 环境（1992 年 5 月 11 日，197°E，持续数小时，曲线两端未外推）；下面的曲线为 NASA AE8min 长期平均环境（200°E）。积分通量是指大于某一指定能量的总通量

2.2.1　单位

描述电子环境的基本单位是通量与注量。在本书中，通量指单位时间穿过单位面积的电子数。虽然全向通量（J）通常定义为电子数每平方厘米每秒（$J=4\pi \times I$），但本文中一般采用电子数每平方厘米每秒每球面度（I）（其中的时间单位也可以为其他，例如：每天）。有些报告使用注量（通量的时间积分）作为单位，且附加说明了累积时间长度（如 1 天或 10 个小时），此时也能将其换算为通量。电子通量也可以表示为安培（A）或皮安（pA）每单位面积（通常为 cm²）。从图 2 - 5 中可以看出通量及注量不同单位之间的对应关系。通量可表示为对能量的积分（如图 2 - 6 所示，能量大于某一特定值的电子通量）或微分（某能量区间内的通量）。ESD 的潜在危害程度与存储的能量相关，而存储的能量又与电子的注量有关。

2.2.2　亚暴环境说明

预测航天器表面电位时，应使用最恶劣等离子体环境。航天器周围的等离子体以及由太阳极紫外线（EUV）产生的光电子是表面充电电流的主要来源。如 2.1.1 节所述，航天器周围的空间等离子体包括电子、质子及其他离子，通常以温度表示其能量。表面净电流的主要来源有等离子体中的电子和离子、二次电子、光电子及其他来源（例如：离子发动机、等离子体接触器，以及 LEO 轨道航天器与等离子体的相对速度造成的冲压与尾流效应）。在上述等离子体环境下，航天器表面电荷不断累积直至达到电流平衡，此时的净电流值为零。在 GEO 轨道，EUV 造成的光电子发射，通常会产生决定性的影响，可阻碍航天器在光照期间被充至过高的负电位。

等离子体的密度也会影响航天器充电情况。小于 1 粒子/cm³ 的稀薄等离子体对航天器表面的充电速率，与数千粒子/cm³ 的稠密等离子体相比要慢得多。而且，稀薄等离子体中部分绝缘表面的电荷泄漏更快。

GEO 轨道及其附近的磁层中，EUV 产生的光电子流对充电起主要作用，然而，在地磁亚暴期间，常常是环境中的电子流对充电过程起支配性的作用。遗憾的是，我们难以确切描述 GEO 轨道所处的等离子体环境。ATS5 和 ATS6（Applications Technology Satellite）、SCATHA（Spacecraft Charging at High Altitudes）及 SOPA，都可提供详细的粒子能谱（通量 vs 能量），但难以用于已有的充电模型。更确切地说，一般模型为求简单化，只采用各向同性的电流与麦克斯韦温度，且它们只针对电子与质子，这种简化处理仍能给我们提供一些有用的信息。对恶劣条件下的静态充电分析，建议采用表 2 - 1 提供的单麦克斯韦分布环境参数（GEO 轨道最恶劣环境的其他参数，见附录 B. 2. 1 中的表 B - 1 和表 B - 2 及附录 I）。

表 2 - 1 最恶劣情况下地球同步轨道等离子体环境

参数	单位	数值	说明
N_E	cm^{-3}	1. 12	电子数密度
T_E	eV	1.2×10^4	电子温度
N_I	cm^{-3}	0. 236	离子数密度
T_I	eV	2.95×10^4	离子温度

表 2 - 1 中列出了最恶劣条件下（~90% 置信度）GEO 环境的单麦克斯韦分布表征参数。附录 B. 1. 1 描述了与航天器充电有关的方程及方法，用上述表中的参数便可以预估充电效应。如果分析结果显示，在最恶劣情况下航天器表面不等量充电电位小于 100 V，那么就不会有 ESD 问题。如果分析表明有潜在的 ESD 风险，则可考虑采用更接近真实环境的等离子体表征参数。

附录 B. 1. 1 中更全面地讨论了等离子体参数。附录 B. 2. 1、表 B - 1、表 B - 2、图 B - 1 与附录 I 则给出了等离子体参数的其他描述，包括用于材料充电试验的电子通量与能量。附录 I 中给出了 ATS - 5、ATS - 6、SCATHA 卫星获得的一些最恶劣条件下的原始数据，包括平均值、标准差和最恶劣值。此外，还给出了每年的发生概率及亚暴模型的历史。这些对等离子体参数的不同描述，能用来帮助我们分析特殊或极端情况下的航天器充电效应。关于空间辐射与等离子体环境的更多阐释请参考相关的空间物理学参考文献[5-8]。

2.3　航天器充电模型

预测表面充电效应可采用解析建模的方法。为承接后面章节中的充电分析流程，本节会对航天器在等离子体环境（2.3.1 节）和高能粒子（2.3.2 节）作用下充电电位的预测方法作简要描述，并将一些具体的细节问题留在附录讨论。即便是简化的方法，仍可用于确定可能的放电条件（2.4 节），并可以基于耦合模型（2.5 节）制定整星或部件级的试验要求。再一次提醒感兴趣的读者，具体细节内容请见附录。

2.3.1　表面充电的物理过程

虽然航天器充电效应的物理过程相当复杂，但至少在 GEO 轨道，其物理过程能够直接用方程表述。航天器充电物理过程的核心是达到电流平衡，当达到平衡时，电流总和为零（典型情况下，达到电流平衡的时间对于航天器整体只需几毫秒，相对于结构地孤立的表面只需几秒钟至几分钟，而航天器各表面间的平衡则需要几小时）。平衡时的电位是航天器相对于空间等离子体地的电势差；类似的，各不同表面也将相对空间等离子体与周围表面而分别达到平衡。根据环境等离子体电流[9]，平衡状态下均匀导电的航天器电流平衡方程可表示为（具体内容见附录 G）

$$I_E(V) - [I_I(V) + I_{PH}(V) + I_{Secondary}(V)] = I_T \qquad (2-2)$$

式中　V——航天器相对于空间等离子体的电位；

　　　I_E——航天器表面的入射电子流；

　　　I_I——航天器表面的入射离子流；

　　　$I_{Secondary}$——来自二次电子发射、背散射及其他人工源的电子流，见附录 G；

I_{PH}——光电子流；

I_T——航天器的总电流（平衡状态下，$I_T = 0$）。

下面对方程（2-2）解法作简要说明。假定航天器是一个导电球体，处于地球阴影区（$I_{PH} = 0$），二次电子电流约等于0，且等离子体呈麦克斯韦-波耳兹曼分布。如附录 G 中所述，电子和离子电流的一阶项由如下简单的电流/电压（I/V）关系给出（假设航天器的电位为负）：

电子

$$I_E = I_{E0} \exp\left(\frac{qV}{T_E}\right) \quad V < 0 \text{ 排斥} \tag{2-3}$$

离子

$$I_I = I_{I0}\left[1 - \left(\frac{qV}{T_I}\right)\right] \quad V < 0 \text{ 吸引} \tag{2-4}$$

其中

$$I_{E0} = \frac{qN_E}{2} = \left(\frac{2T_E}{\pi m_E}\right)^{\frac{1}{2}} \tag{2-5}$$

$$I_{E0} = \frac{qN_I}{2}\left(\frac{2T_I}{\pi m_I}\right)^{\frac{1}{2}} \tag{2-6}$$

式中　N_E——环境等离子体中电子密度（cm^{-3}）；

　　　N_I——环境等离子体中离子密度（cm^{-3}）；

　　　m_E——电子质量（$9.109 \times 10^{-28} g$）；

　　　m_I——离子质量（质子：$1.673 \times 10^{-24} g$）；

　　　q——电子电量（$1.602 \times 10^{-19} C$）；

　　　T_E——等离子体电子温度（eV）；

　　　T_I——等离子体离子温度（eV）。

为解出方程并得到航天器相对空间等离子体的平衡电位，不断改变 V 值直到 $I_T = 0$。举一个粗略的例子，对于地球同步轨道，遭遇磁暴时航天器电位约为 5~10 kV，然而 T_I 一般为 20~30 keV，即

$|qV/T_I|<1$，所以 $I_I \sim I_{I0}$。忽略二次电子电流，则以上近似处理可推导出航天器电位与环境电流及温度的如下比例关系

$$V \sim \frac{-T_E}{q} \times \mathrm{Ln}(\frac{I_E}{I_I}) \tag{2-7}$$

即，在地球阴影区（仍见附录 G），航天器电位大约与等离子体电子温度（以电子伏表示，eV）和电子流、离子流之比的自然对数成比例——这是估算地球同步轨道上航天器充电电位量级的简单、有效方式。

总而言之，表面充电模型是计算航天器整体、相对航天器结构地孤立的表面以及各表面间的电流平衡的过程。得到各表面以及与相邻面的 I/V 关系后，给定等离子体环境，则可计算得出电流平衡状态下的表面电位。显然，这将是一个与时间有关的复杂过程，因为航天器中各绝缘表面平衡状态各异，从而导致不等量充电（这正是大部分表面充电导致航天器异常的起因）。只有 Nascap-2k（附录 C.3.3）这样的计算机程序，才可以处理十分复杂的航天器构型情况。另外，可参考附录 C.3.4 介绍的相关内容，它对于快速估算简单构型的表面电位尤为有用。

2.3.2　电介质充电的物理过程

电介质充电的估算方法与表面充电类似。基本问题是，如何自洽求解出某个感兴趣三维空间内的电场强度与电荷密度。这就必须解出结合了电流连续性方程和欧姆定律的泊松方程。如附录 D.1 中指出，对于简单的一维平板近似，这些方程（对于电子）可被归纳为一个方程，即介质内 x 位置在 t 时刻的充电情况可表示为

$$\frac{\partial[\varepsilon(x)E(x,t)]}{\partial t} + \sigma(x,t)E(x,t) = -J_R(x,t) \tag{2-8}$$

式中　E——时间为 t 时，x 位置的电场强度（V/cm）；

　　　σ——电导率 $(\Omega \cdot cm)^{-1}$，$\sigma = \sigma_o + \sigma_r$；

　　　σ_0——暗电导率 $(\Omega \cdot cm)^{-1}$；

σ_r——辐射诱发导电率 $(\Omega \cdot cm)^{-1}$；

ε——材料的介电常数 $(F \cdot m^{-1}) = \varepsilon_0 \varepsilon_r$；

ε_0——真空介电常数 $= 8.854\,2 \times 10^{-12}\,F \cdot m^{-1}$；

ε_r——相对介电常数（无量纲）；

$J_R =$ 入射粒子通量（电流密度），且 $-\partial J_R / \partial x$ 为 x 位置的电荷沉积速率。

需要注意的是，总电流包含入射电流 J_R（原始粒子与二次发射粒子）与电介质中电场驱动形成的传导电流 σE（欧姆项）。对方程（2-8）在 x 方向上积分，可以得出电介质内在某给定时刻 t 的电场变化，再随着时间步长逐步递进，重复此过程，便可得出电介质内随时间变化的电场和电荷密度。与表面充电情况一样，已经开发有 NUMIT（附录 C.2.7）和 DICTAT（附录 C.2.9）这样的计算机程序来执行这些计算，对电介质中电场的增强进行预测。当电场 E 超过材料击穿阈值时，就可能发生放电。

2.4　放电特性

环境因素或人为偏置所致的航天器充电表面，会发生放电，产生的脉冲会耦合至电气系统内部。空间飞行的航天器可被视为相对于等离子体环境的电容器。而航天器自身又可被一些用于热控、供电的电介质材料表面分成许多个电容器。这些电容器各自的充电速率取决于入射通量、时间常数以及航天器结构。

上述的电容器系统相对于空间等离子体是电悬浮的，因此，航天器与空间的电荷交换处于不稳定状态。虽然引发击穿（或放电）的确切条件仍然未知，但我们知道的是，击穿的确会发生，而我们希望的是，引发击穿的条件能够被限制。击穿的发生是由于航天器电介质表面或者不同表面间的电荷积累，当电荷积累以至电场强度超过材料击穿阈值时，电荷就会从航天器表面向空间释放，或向电位不等的相邻表面释放。此释放过程一直持续到电场不足以再维持电弧放电。因此，释放的电荷量上限，为放电点附近的电介质材料表面或内部所储存的总电荷量。电荷流失或者电流流向空间和其他表面将会导致电介质表面电位（至少在放电点附近）逐步降为零。由于电介质与航天器结构是电容性耦合的关系，因此电荷流失将会导致航天器结构负电位降低。事实上，相对于空间等离子体，结构电位有可能变成正的，此时航天器中暴露的导电表面会收集周围环境中的电子（或吸收材料表面发射的电子）以重建满足周围环境条件的结构电势。对于导电体整体来说，相对于空间等离子体的充电平衡过程只需几毫秒；然而不同表面间的不等量充电则需几分钟甚至几小时才达到平衡。如果电场很容易重新达到足以引发再次放电的高强度，那么就会产生多次放电。

众所周知，太阳电池阵的电介质材料展开表面会存在电荷流失现象（NASA TP - 2361）[10]。该现象产生的原因是，当电介质材料下方的导体与放电点存在电气连接时，放电导致的等离子体云扫过电介质表面而使电荷流失。太阳电池阵电弧引起的电荷流失在放电点 2 m 开外甚至更远处，都曾被观测到，且根据结构的不同，会使几百皮法（pF）的电容参与放电。这种现象导致的电荷损失与面积有关，且能产生 4~5 A 的电流。太阳电池阵上低至 1 000 V 的电位差就能产生这种大的电荷清除型的放电现象，且受电池阵种类、几何结构以及环境因素的影响。在对充电表面被放电电弧带走电荷建模时，必须假设，所有其下方衬底与放电点有直接电气连接或者能直接看到放电点的表面区域，都会放电。再据此计算放电的能量。

由于太阳光能够使光照表面相对于周围的等离子体充上一定的正电位，而处于阴影区的电介质表面会充上很高的负电位，这样就会造成光照区和阴影区的不等量充电。通常击穿会发生在光照充电期间，认为其与不等量充电有关。而进入或离开阴影区时，除了那些与航天器结构间电容耦合比较弱的表面外（与结构间的电容小于航天器与空间的电容，通常 $<2 \times 10^{-10}$ F），其他所有表面的绝对充电量都会发生变化。处于阴影区时，不等量充电形成缓慢，且与二次

电子发射系数有关。在下文中，对已知的几种击穿机制进行了概括。

2.4.1　电介质表面击穿

超出以下任一标准就会发生放电：

1) 如果电场量级超过周围空间的击穿强度，那么就会发生放电[11]。一条已发表的经验法则表明，如果航天器表面充电导致电介质表面相对临近暴露导体带正电，且电位差超过 500 V，就可能会发生击穿。本书中采用较为保守的 400 V 作为发生 ESD 击穿风险的电位差阈值。对于感生电势，如太阳电池阵或朗缪探针，此法则并不适用，它们应被单独分析。气体的电场击穿物理机制已由 Townsend 阐释（见参考文献 [11]）。

2) 可见的表面电介质与暴露接地导体界面处的电场高于 10^5 V/cm（NASA TP – 2361）[10]。需注意表面材料的边缘、尖端、间隙、接缝与瑕疵均会增加电场强度，从而使放电可能性更大。这些因素在建模中通常不会被考虑，需要对航天器外表面做严格检查，避免出现。某些情况下，微流星体或空间碎片撞击产生的等离子体云也会触发放电。

太阳电池阵表面盖片材料的二次电子发射系数较高，这将导致盖片相对于金属连接线出现正电位，从而达到上面所述的第一条而发生放电。此标准也适用于表面金属化的电介质，其中的金属薄膜由于偶然因素或设计原因造成与结构地间通过大电阻相连或者孤立于结构地（只存在电容耦合）。这种情况下，电介质充上很高的负电位时（处于阴影区时），金属薄膜因此也处于比周围表面更高的负电位，从而充当了负极或电子发射极。

在达到上述两条标准而发生放电的过程中，存储电荷首先向空间释放。电荷流失产生的脉冲会耦合至航天器结构，甚至电子系统内。电流随后从空间回到航天器暴露的导电区域。航天器结构中的瞬变电流与结构的电气特性有关。通常假设直到能够引发放电的电压梯度或电场消失后，放电过程才会结束。结构中的电流由于电阻会渐渐衰减。

在放电发生时，电荷流失的计算很大程度上是基于推测得出的。流失的电荷大体上可被认为来源于两个电容的损耗：存储在充至一定电位的航天器结构中的电荷，以及存储在放电介质材料有限区域中的电荷。电荷流失的预测不仅需要计算航天器电位，同样需要经验丰富的专业人员的分析检查。

以下电荷流失量的分类可作为有用的指导（摘自 NASA TP - 2361[10]）：

$$0 < Q_{lost} < 0.5 \ \mu C \ —— \ 轻度放电$$

$$0.5 < Q_{lost} < 2 \ \mu C —— \ 中度放电$$

$$2 < Q_{lost} < 10 \ \mu C —— \ 重度放电$$

能量、电压或其他放电因素也可被量化，来表征电介质放电（或悬浮导体放电）的严重程度。假设默认放电电容为 500 pF，根据以上 Q_{lost} 的分类通过公式计算得出如表 2 - 2 所示内容。

表 2 - 2　表面 ESD 事件参数的大致量级

程度	Q（C）	C（F）	V	E（J）
轻度	500 nC	500 pF	1 kV	250 μJ
中度	2 μC	500 pF	4 kV	4 mJ
重度	10 μC	500 pF	20 kV	100 mJ

2.4.2　内部充电击穿

本节将讨论电荷能量足以穿透电介质表面，并沉积在其中的情况。即使电介质表面电位因光电子或二次电子发射维持在零左右，材料内部也可能存在强电场。内部电场足够强时就可能引发击穿。电介质内部电场只要超出 2×10^5 V/cm（2×10^7 V/m，~508 V/mil）就会发生击穿。表 6 - 1 列出了一些电介质材料的击穿阈值。

电荷密度为 2.2×10^{11} e/cm^2 的带电层，会在相对介电常数为 2 的

电介质材料中产生 2×10^7 V/m 的电场（电场与电荷量成正比，与介电常数成反比）。

2.4.3　航天器-空间击穿

航天器-空间击穿与电介质表面击穿大体相似，但放电强度很小。假设航天器表面存在强电场——通常由金属与电介质的几何界面造成，这样的布局会间歇性地引发航天器结构体电容放电。由于航天器-空间电容通常在 2×10^{-10} F 左右，所以击穿时瞬变电流是微量与迅速的。若假设 2 kV 时发生击穿，由表 2－2 可知，释放的储存能量是轻微的。

2.5　耦合模型

借助耦合模型进行分析，可确定外部放电脉冲对电子系统的危害。本节讨论了如何分析外部放电脉冲对航天器内部系统的影响。

2.5.1　集总单元模型

集总单元模型简称 LEM（Lumped－Element Modeling），已被用于描述表面充电对环境通量的响应[13-16]及预测由表面放电导致的内部结构电流。它的基本原理是航天器表面与结构可被视为电路元件——电阻、电感和电容。如同航天器热模型中各个表面被视为节点一样，将航天器几何结构不同区域进行分组或集总，视为电路中的节点。该模型根据实际情况需要，可简单化也可复杂化。

放电的 LEM 模型假设：结构体瞬变电流是通过结构体与放电点间的电容耦合作用产生的，而且只通过传导的方式在结构体中传输。基于结构体特征与几何形状来建立模拟电路模型，建模时应考虑从放电点至暴露导体区域的主要电流路径，以及流向空间等离子体地的返回路径。放电脉冲始于模型网络中某一视为可能放电点的区域，此区域由表面充电预测分析或其他方式得出。选择对空间的不同电阻值、电容值及电感值可控制放电脉冲特性。ISPICE（Simulation Program with Integrated Circuit Emphasis）及 SPICE2 等商用电路模拟程序，能解决模型网络中产生的脉冲电流问题。

LEM 模型对表面充电的预测分析，依赖于对各表面独立的电流输入项。由于这些电流输入项不能将不同区域充电对入射通量的影响联系起来，所以预测结果的负电位通常比实际观测值高。其他模型技术考虑了这些三维效应，如 Nascap‐2K（附录 C.3.3），它的表面电位预估值接近测量值。因此现阶段我们推荐 Nascap‐2K 作为分析手段。

2.5.2　电磁耦合模型

为了研究电路的电磁耦合效应，已开发有很多程序。借助这些程序可以计算电磁脉冲效应以及电弧放电的影响。其中，由 TRW 公司（现 Northrop‐Grumman Space Technology 公司）开发的 SEMCAP（Specification and Electromagnetic Compatibility Program）[17]，曾在实际应用中成功分析出旅行者号航天器上的电弧放电影响。

参 考 文 献

[1]　M. Bodeau, "Going Beyond Anomalies to Engineering Corrective Action, New IESD Guidelines Derived From A Root – Cause Investigation," presented at The 2005 Space Environmental Effects Working Group Workshop, Aerospace Corp. , El Segundo, California, 2005.

[2]　M. Bodeau, "High Energy Electron Climatology that Supports Deep Charging Risk Assessment in GEO," AIAA 2010 – 1608, The 48th AIAA Aerospace Sciences Meeting, Orlando, Florida, 2010.

[3]　A. R. Frederickson, E. G. Holeman, and E. G. Mullen, "Characteristics of Spontaneous Electrical Discharges of Various Insulators in Space Radiation," IEEE Transactions on Nuclear Science, vol. 39, no. 6, pp. 1773 – 1782, December 1992.

[4]　J. I. Vette, The AE – 8 Trapped Electron Model Environment, NSSDC/WDC – A – R&S, Report 91 – 24 National Space Science Data Center, Goddard, Maryland, November 1991.

[5]　H. B. Garrett, "Review of Quantitative Models of the 0 to 100 keV Near – Earth Plasma," Reviews of Geophysics and Space Physics, vol. 17, no. 3, pp. 397 – 416, 1979.

[6]　D. Hastings and H. B. Garrett, Spacecraft – Environment Interactions, Atmospheric and Space Science Series, A. J. Dessler, Ed. , Cambridge University Press, Cambridge, England, 292 pages, 1996.

[7]　J. G. Roederer, Dynamics of Geomagnetically Trapped Radiation, Springer – Verlag, New York, New York, 166 pages, 1970.

[8]　H. B. Garrett, Guide to Modeling Earth's Trapped Radiation Environment, AIAA G – 083 – 1999, ISBN 1 – 56347 – 349 – 6, American Institute of Aeronautics and Astronautics, Reston, Virginia, 55 pages, 1999.

[9]　H. B. Garrett, "The Charging of Spacecraft Surfaces," Reviews of Geophysics

and Space Physics, vol. 19, no. 4, pp. 577 – 616, November 1981.

[10] C. K. Purvis, H. B. Garrett, A. C. Whittlesey, and N. J. Stevens, Design Guidelines for Assessing and Controlling Spacecraft Charging Effects, NASA Technical Paper 2361, National Aeronautics and Space Administration, September 1984.

[11] M. S. Naidu and V. Kamaraju, High Voltage Engineering, Fourth Edition. Tata McGraw and Hill Publishing Company Limited, New Delhi, India, 2009.

[12] P. Coakley, Assessment of Internal ECEMP with Emphasis for Producing Interim Design Guidelines, AFWL – TN – 86 – 28, Air Force Weapons Laboratory, June 1987.

[13] P. A. Robinson, Jr. and A. B. Holman, "Pioneer Venus Spacecraft Charging Model," Proceedings of the Spacecraft Charging Technology Conference, AFGL –TR – 77 – 0051/NASA TMX – 73537, National Aero – nautics and Space Administration, pp. 297 – 308, 1977.

[14] G. T. Inouye, "Spacecraft Potentials in a Substorm Environment," Spacecraft Charging by Magnetospheric Plasma. Vol. 42, A. Rosen, ed. MIT Press, Cambridge, Massachusetts, pp. 103 – 120, 1976.

[15] M. J. Massaro, T. Green, and D. Ling, "A Charging Model for Three – Axis Stabilized Spacecraft," in Proceedings of the Spacecraft Charging Technology Conference, AFGL – TR – 77 – 0051/NASA TMX – 73537, National Aeronautics and Space Administration, pp. 237 – 270, 1977.

[16] M. J. Massaro and D. Ling, "Spacecraft Charging Results for the DSCS – III Satellite," Spacecraft Charging Technology Conference, Air Force Geophysics Laboratory, Hanscom Air Force Base, Massachusetts, NASA Conference Publication 2071/AFGL TR – 79 – 0082, National Aeronautics and Space Administration, pp. 158 – 178, 1979.

[17] R. Heidebrecht, SEMCAP Program Description, Version 7.4, TRW Electromagnetic Compatibility Department, Space Vehicles Division, TRW Systems Group, Redondo Beach, California, 1975.

[18] M. J. Berger, J. S. Coursey, M. A. Zucker, and J. Chang, Stopping – Power and Range Tables for Electrons, Protons, and Helium Ions, NISTIR 4999, National Institute of Standards and Technology, also available at

http://www. nist. gov/physlab/data/star, April 26, 2010.

[19] P. Balcewicz, J. M. Bodeau, M. A. Frey, P. L. Leung, and E. J. Mikkelson, "Environmental On - Orbit Anomaly Correlation Efforts at Hughes," 6th Spacecraft Charging Technology Conference Proceedings. AFRL - VS - TR - 20001578. pp. 227 - 230, 1998.

[20] E. C. Whipple, "Potentials of Surfaces in Space," Reports on Progress in Physics, vol. 44, pp. 1197 - 1250, 1981.

第 3 章 航天器设计指南

本章 3.1 节介绍了减缓航天器充电效应的过程，3.2 节列出了设计指南。如果读者有意编制要求文件，应该包含以下基本内容：

1) 确定任务运行经过或停留的区域是否存在充电风险；
2) 如果存在充电风险，根据环境确定风险等级；
3) 通过相关技术手段将风险减缓至可接受水平。

本章的 3.2.1 节（通用 ESD 设计指南），3.2.2 节（表面 ESD 设计指南，不包括太阳电池阵），3.2.3 节（内部 ESD 设计指南），3.2.4 节（太阳电池阵 ESD 设计指南）以及 3.2.5 节（特殊情境下 ESD 设计指南）可作为辅助参考。

3.1 过程

研发人员应该通过设计实践、试验与分析证明航天器充电效应不会造成故障，妨碍任务目标的实现。本节将简要介绍这些过程。

3.1.1 概述

避免或消除电磁问题的传统方法是确定发生源头、受害目标，以及两者间的耦合途径。航天器充电效应中，过剩的电子沉积在外表面，或穿透航天器表层到达敏感区域，直接沉积在敏感电路的电路板内。我们常常很难将三要素（发生源头、耦合途径与受害目标）独立区分。因此，本书并不采用此分类方法；但是，有时区分三要素是富有成效的，这在下面的阐述中会有所体现。

3.1.1.1 发生源头

航天器充电效应的根源是空间带电粒子环境（CPE）。如果带电粒子环境不可避免，可将 ESD 的发生源头归结于航天器上能够积累电荷及能量的载体，即悬浮导体和绝缘性能良好的电介质。限制电荷存储材料的使用或其存储电荷的容量，是减小内部充电风险的有效方法。提供电荷泄漏路径可使所有由等离子体造成的充电在航天器整体上保持平衡以减少风险。

3.1.1.2　耦合途径

当一次 ESD 现象发生时，发生源头至受害目标传递的能量，由具体的耦合形式（电磁辐射或直接耦合）决定，并与其附近的结构强相关。ESD 的发生有多种途径，例如，金属至金属，金属至空间，金属至电介质，电介质至电介质和电介质击穿等。电荷在结构中的具体分布，决定了击穿类型与耦合形式。孤立导体可能直接对 IC 引脚放电，从而造成芯片严重的物理损害，或者电弧感生信号进入附近电路，虽然能量衰减后可导致的物理损害微小，但它会产生伪信号。以上例子表明，需要对各不同情境都进行独立耦合预估。消除放电源头至受害目标的耦合途径，可显著降低 ESD 的威胁。耦合途径可以通过隔离、屏蔽和滤波方式消除。

3.1.1.3　受害目标

受害目标是指航天器中任何可能受到电弧放电或充电电场（例如某些科学仪器）不利影响的部件、构件、分系统或元器件。鉴于 ESD 的不同效应，受害目标的种类和形式也各不相同。ESD 与电磁兼容（EMC）造成部件失效是主要问题，但不是唯一的，效应涵盖范围从所谓的软错误（例如：存储单元复位）到实际的机械损害（电弧放电致使材料出现物理损伤）。因此，受害目标包含从独立部件至整个系统、从电子元件至光学部件的很大范围（玻璃材质中的放电，被认为可导致光学窗口的破碎或受损，但实践经验显示，光学透镜在空间应用很大程度上是成功的）。主要受害目标与防护设计对象可能是独立电子元件，也可能是使瞬变电压耦合进入分系统的电缆。对这些受害目标进行屏蔽或滤波，可限制 ESD 的不利影响。

3.1.2 设计

设计师应掌握设计指南，以避免表面和内部充电效应的相关问题。指南中的所有条目在航天器设计中都应考虑，并合理运用于航天任务中。

3.1.3 分析

在特定轨道环境下，应该对卫星的充电问题进行分析。有两种主要的分析方法：简单分析与详细分析，可通过专用分析软件来完成。附录 C 罗列了相关的程序软件，附录 D 对内部充电的分析做了说明，附录 G 给出了简单表面充电分析的实例。

3.1.4 试验

试验是检验和验证航天器硬件在特定空间环境下生存能力的有效手段。准确、全面地复制航天器充电环境中的高能等离子体与各类风险情况是非常困难的。真实的电子环境具有连续的能谱分布且包围整个航天器，目前不存在复制该环境所有特征的试验设备。因此，只能以较低级别的硬件试验和欠真实的试验环境完成充电效应防护的检验和验证。这样并不会减少试验的价值，但仅进行试验是不充分的，必须附加额外的分析才能确认结论。以下简要描述了几类不同层次的充电试验。

3.1.4.1 材料试验

材料使用前应明确电气特性，所需的关键材料参数包括存储电荷的能力（即电阻率或电导率）和脉冲放电的威胁（例如：存储的能量）。此外，还需要了解电阻率随在轨时间、温度（低温时电阻率更高）的变化，以及辐射和电场诱发的电导率。其他的参数还包括二次电子发射、背散射与光电发射系数。空间材料的表面污染也会改变其充电行为。

这些参数可以通过翻阅参考文献、进行电子束试验或常规电气试验获得（6.1 节给出了几种电介质的参数列表）。根据分析或试验能给出这些材料在特定尺寸或形状下的充电风险。部分试验方法见附录 E。

3.1.4.2　电路/元器件试验

器件（即晶体管、IC 等）的敏感度阈值，可用于了解 ESD 事件发生时其面临的风险。敏感度阈值是指中断阈值，或损坏阈值。Vzap 试验（附录 E.8）可以用来确定电子设备对瞬变电流的承受能力。

3.1.4.3　组件试验

潜在的敏感组件应通过试验明确它们对 ESD 的敏感度。组件应被置于基板上并在运行状态下完成试验。脉冲通过机壳或连接器插针注入，同时监测组件的工作状态是否被扰乱。脉冲应覆盖电流振幅、电压与脉冲持续时间三者的预期范围。在试验过程中，保证脉冲注入设备与被测试组件、监测仪器隔离是非常重要的，同时也要保证其他设备不被放电脉冲干扰。

3.1.4.4　系统试验

通常，系统级试验是证明系统能够经受特定环境考验的最后环节，但对于 IESD 环境则不可行。需要通过材料、电路和组件试验的结果，再加上分析，来检验系统的内部充电效应。

3.1.5　检验

检验是识别及最小化航天器充放电可能导致异常的重要手段。检验应该在航天器装配过程中，由一个在环境效应领域有经验的人负责执行。在检验之前，应给出航天器各连接处的电阻容许值表，但不要以此局限检验范围，要查看每一个可能的问题区域。

3.2　设计指南

本节给出了可用于加固航天器系统，以应对充电效应的通用指

南和定量的设计指南。具体包括以下几节内容：通用 ESD 设计指南
（3.2.1 节）、表面 ESD 设计指南（3.2.2 节）、内部 ESD 设计指南
（3.2.3 节）、太阳电池阵 ESD 设计指南（3.2.4 节），以及特殊情况
ESD 设计指南（3.2.5 节）。

3.2.1　通用 ESD 设计指南

3.2.1.1　避免特定轨道

如果可能，避免选择有充电风险的轨道，但轨道通常是无法选
择的（图 1 - 1 和图 1 - 2 显示了近地空间存在充电风险的区域）。

3.2.1.2　屏蔽

用足够厚的材料（通常等效为铝的厚度）屏蔽所有的电子元件，
将导致内部充电的高能电子通量降至安全水平。经验表明，在 GEO
轨道环境与当前的硬件条件下，采取的屏蔽厚度达到 110 mil（译者
注：即 2.8 mm）铝等效即可，但在某些特定情况下，可能需要采取
更为保守的 200 mil 铝等效屏蔽厚度（3.2.3.2.2 节）。对于 ESD 免
疫的硬件，屏蔽厚度的要求可以降低一些，在 33 mil 至 70 mil 之间。
这里所说的屏蔽是将航天器几何结构考虑在内的总屏蔽厚度。更精
确的屏蔽厚度可以利用辐射屏蔽软件通过射线追迹法计算，计算时
将航天器几何和材料信息作为输入条件，并考虑可能受影响区域的
敏感度。

将所有的电子元器件屏蔽在一个法拉第笼内。航天器主结构、
电子设备外壳和电缆护套应该提供一个物理的和电气连续的屏蔽表
面，将所有的电子设备和导线都包围起来。航天器主结构应该被设
计成一个完整的、抗电磁干扰（EMI）的屏蔽笼（法拉第笼），除了
阻挡带电粒子进入航天器内部，还要保护内部电子设备免受外部放
电形成的辐射及传导噪声的影响。针对航天器表面放电所产生的电
磁场，所有屏蔽应至少能够提供 40 dB 的衰减。在电磁密封条件下，
约 40 mil 厚的铝或者镁，就能保证以上的衰减要求。要尽可能避免

屏蔽笼出现缺口或穿孔，穿孔可以利用接地良好的金属网或金属板封闭。为保证法拉第笼的完整性，所有的开口、孔洞和狭缝都应妥善处理。

多层绝缘热毯上的真空镀膜铝，不足以为 EMC 和内部充电提供足够的屏蔽，在其内表面增加几层铝箔并良好接地，可以增加防护效能。铝制蜂窝结构和铝制蒙皮也能起到显著的衰减作用。法拉第笼应该将电子设备 100%屏蔽在内，对于那些处于主法拉第笼之外的电子设备和电缆，需要延伸法拉第笼，以将其包围在内。除非是将所有的接缝、穿孔和缺口等，都用完整的导电蒙皮屏蔽，否则法拉第笼就是不完整的，不能有效保护其内部的电子设备。例如，星跟踪仪的取景孔就是一个穿孔，同样，电缆穿舱的"鼠洞"也是。这些都会影响到法拉第笼的完整性，需要引起注意。

法拉第笼之外的电缆屏蔽，作用是保持法拉第笼的完整性，或者说是从航天器主体的出入口向外扩展法拉第笼。电缆屏蔽应采用铝或铜的箔、片、带。标准的同轴缆屏蔽，或者用金属化塑料带缠绕导线，并不能提供足够的内部充电屏蔽保护，因此不宜使用。屏蔽应当在电缆进入卫星舱体的位置结束，并在进入位置用一个 360° EMC 连接器仔细接地。屏蔽电缆原有的金属丝编织网，要与外面附加的屏蔽护套焊接在一起，并在电缆进入卫星舱体的位置接地。不能采用传统的屏蔽接地方式，即通过一个连接器插针连接至航天器内某位置，它会破坏屏蔽的完整性。

电终止器、连接器、馈通装置，及舱外元件（例如：二极管）都应进行电磁屏蔽，并且所有的屏蔽连接器外壳必须与航天器的公共结构地搭接。

3.2.1.3 搭接

搭接所有的结构单元。鉴别出孤立导体，并将其与框架搭接。要为绝缘桁架尾端的导体设置单独的搭接带。每一个内部的导体部件都应该通过一个泄漏电阻与框架相连，并用欧姆表进行测量，满足在真空环境下小于 $10^{12}\,\Omega$ 的要求。电介质结构部件的导电配件也是如此。泄漏电阻小于 $10^8 \Omega$ 的设计，可以使用性能良好的便携式欧姆表完成检验。

所有航天器表面或内部的导体，都应该与一个公共的电气接地参照面相关连，可以直接通过电荷泄漏电阻接地，或者像连入电路中的导体那样，可以控制其电压（不要出现电悬浮）。航天器所有结构和机械部件、电子仪器等都应互相搭接。通常 EMC 或电气接地参照面的要求规定，各主要结构件的搭接应确保每个接合点的直流电阻小于 2.5 毫欧（$m\Omega$），但也可以允许高一些的电阻值。被搭接在一起的结构件的集合，称为结构或结构地。搭建结构地的目的，是为了给航天器上任何可能发生的 ESD 提供一个低阻抗的电流通路，并为其他需要接地的设备提供一个良好的接地条件。如果结构地参照面需要穿过接头或铰链，那么接地母线应尽可能短。依靠轴承接地并不可取。如果必须要通过旋转接头的滑环接地，则至少要有两个（最好更多）滑环专门用于接地。选择用来接地的滑环应该包含最末端的滑环，且末端滑环与结构地的搭接距离应小于 15 cm。还应该注意，接地用滑环要与那些传输敏感信号的滑环保持较远的距离。

3.2.1.3.1　表面材料及其搭接

所有航天器表面（外部、可见）材料都应该是导通的（3.2.1.5节），并与航天器结构地搭接。由于仅用于传导空间充电电流，表面材料的搭接要求可以不像结构搭接那样严格。通往结构地的直流电阻应符合表面电阻要求，即表面至结构的电阻值小于 $10^9 \ \Omega$。在航天器整个服役期内，经历真空、温度、机械应力等条件的考验，该搭接的直流电阻须保持始终小于 $10^9 \ \Omega$。

3.2.1.3.2　导线和电缆的屏蔽及搭接

所有进出航天器法拉第笼（3.2.1.2 节）的导线和电缆必须屏蔽。出于 ESD 防护的目的，这些电缆屏蔽应在入口位置与法拉第笼搭接（接地），具体要求如下：

1）电缆屏蔽的末端首先搭接在一个金属屏蔽尾罩上，该屏蔽尾罩再搭接至航天器框架，这两处搭接都必须 360°接触。

2）不要利用连接器插针为电缆屏蔽提供接地，因为这样会穿透法拉第笼。

3）在连接器位置附近应设置一个专用的机构，用于将电缆屏蔽与电子设备外壳或航天器结构搭接；或者设置一个接地桩，并用长度小于 15cm 的接地线与电缆屏蔽连接。进行过程管理，以检验每个连接器对应的电缆屏蔽都已接地。

4）电缆屏蔽另一端的处理方式与上面所述相同。目的是当某些电子设备必须置于航天器主体屏蔽区域之外时，能够保持法拉第笼的完整性。

3.2.1.3.3　电气和电子设备的接地

信号和电源地（零电压基准点）与航天器结构地的连接方式需要特别注意，具体可参考 NASA – HDBK – 4001（Electrical Grounding Architecture for Unmanned Spacecraft）[1]。将电气和电子设备通过导线与结构地直接相连，对 ESD 防护而言是最理想的。需要特别注意，不要将设备与设备之间采用单独的接地线菊花链式连接，或者是将每台设备都连接到距离较远的单个结构地接地点上（星形地）。

3.2.1.4　传导路径

所有电路都要有至结构地的传导路径。首选简单、直接的接地路径，而非使用额外的线缆连接至接地点。注意那些可能因某种原因被孤立的电路或导线。要为那些在飞行任务过程中可能变成悬浮导体的电路单元设置泄漏电阻，例如，开关或连接器。此项指南可参考 NASA – HDBK – 4001[1]。

3.2.1.5　材料选择

限制使用绝缘性能良好的电介质材料。金属是导电的，避免充电的方法相对简单，提供电荷泄漏的路径即可。因此，防护内部充电效应，重点需要考虑的是电介质材料。现代卫星上使用的电介质，例如 Teflon®、Kapton®、FR4 等，都是性能良好的电荷贮存材料，这些材料都应尽量避免使用，尤其是大块使用。在航天器内部使用的电缆线绝缘皮或电介质薄膜（例如：5 mil 厚）基本上不存在充电问题。电路板材料可能存在充电问题，但当板上布线的密度较高时则可以减轻影响，因为金属布线有利于附近电介质内充电电荷的泄漏。可根据附录 E.1 中介绍的电子束试验方法，来测量材料性能参数。Brunson 和 Dennison 曾在低温下测量了电介质材料的电阻值，定量研究了温度降低与电阻升高之间的关系[2]。

在航天器内部使用电泄漏的电介质材料。尤其是电路板材料，应该是静电耗散的或电泄漏的。在理想情况下，所有电介质材料都应如此，包括电缆绝缘和保形涂层。材料的电荷泄漏能力不需要太强，以免影响到电路的性能，电阻率在 $10^4 \sim 10^{11}$ $\Omega \cdot cm$ 或 $10^5 \sim 10^{12} \Omega/sq$（$\Omega/sq$ 的定义，见附录 E.3）量级即可，同时，还需要提供一个电荷泄放的通路，才能防止内部充电的发生。需要确认，在卫星的整个任务周期内，材料的导电能力始终保持在上述范围。在满足上述要求的同时，又不损失材料其他必要的性能（电路正常运转、机械性能）是有挑战的。

尽量使航天器的外表面导通。避免航天器表面不等量带电的最好方法，是使所有的表面导通，并搭接至航天器的结构地。但是，典型的航天器表面经常会出现绝缘性能优异的材料，例如 Mylar®、Kapton®、Teflon®、玻璃纤维、玻璃、石英等。在设计阶段，那些可能使用这些绝缘材料的表面区域应引起注意，例如，邻近运行频率小于 1GHz 的接收器或天线的区域、敏感探测器、材料污染或热控区域等。在上述情况下，推荐使用接地的铟锡氧化物（ITO）涂层。

在本节下面的内容中，我们首先明确了航天器表面材料的传导性要求，然后对典型材料进行了评估，并讨论了其使用方法，同时建议对航天器表面所有绝缘材料的充电效应进行分析。在本节的末尾，讨论了对高二次电子产额材料的使用。

3.2.1.5.1　表面材料选择建议

选择合适的材料，可以减缓航天器表面的不等量带电。当前，唯一被验证的避免航天器表面发生放电的方法，是将航天器的全部表面都导通，并将其连接到公共地。导电涂层正是出于这一目的而被使用，包括金属导电转换涂层、导电漆，以及部分金属化真空沉积膜，例如 ITO。表 3 - 1 列出了一些比较常见的表面涂层和材料，它们都已有成功的应用经验。表 3 - 2 列出的是另外一些应当尽可能避免使用的表面涂层和材料。

表 3 - 1　航天器可以使用的表面涂层和材料[a]

材料	注释
漆（炭黑）	用于满足 3.2.2 节中 ESD 传导要求，及热控、黏附、防辐射等用途
GSFC NS43 漆（黄）	已有的应用实例表明不存在表面充电问题，没有放电情况发生
ITO（250 nm）	被用于需要透明的情况，例如：太阳电池、光学太阳反射器，以及溅射在 Kapton 薄膜上以避免水汽沉积；必须正确接地
钛酸锌漆（白 ZOT）	可能是导电性能最佳的白漆；使用时需要仔细，否则易造成黏附，且移除困难
Alodyne	镁、铝等的导电转化涂层
DuPont Kapton XC 系列	碳填充聚酰亚胺薄层；100XC10E7 标称电阻率为 $2.5 \times 10^4 \ \Omega \cdot cm$，原子氧环境中如无保护层则性能不佳
沉积导体	例如：镀在 Kapton[®]、Teflon[®]、Mylar[®] 和熔融石英上的铝、金、银、镍合金
导电漆	应用于电介质表面，保证电荷泄漏
碳填充 Teflon[®] 或 Kapton[®]	碳填充物帮助提升材料的导电性能
导电胶	常用于导体与地之间的粘接
导电表面材料	石墨环氧树脂（磨损后会露出碳纤维）或金属
蚀刻金属格	蚀刻或粘接至电介质表面，常用于表面接地
铝箔或金属化塑料薄膜带	如果能够忍受其他条件（例如：高温），可使用

a 必须接地至航天器框架

表 3 - 2　航天器应避免使用的表面涂层和材料

材料	注释
Anodyze	Anodyze 会产生一个高电阻率的表面，不适合 ESD 防护。当涂层厚度足够薄，并分析证明其存储的能量很小的情况下可以使用
玻璃纤维材料（白）	电阻率过高，且低温情况下尤其明显
漆（白）	白漆通常不可用，除非通过测试证明其可用
Mylar$^{®}$（无涂层）	电阻率过高
Teflon$^{®}$（无涂层）	电阻率过高。它可以使电荷长期存储，并导致灾难性放电
Kapton$^{®}$（无涂层）	由于电阻率过高，通常不能采用。然而 Kapton 具有光电传导性，因此在持续光照条件下，且膜厚小于 0.13 mm（5 mil）时，可以使用
石英布	用于天线整流罩。虽然是电介质，但因为含有大量纤维或掺杂有导电成分，ESD 放电的危害较小
石英与玻璃表面	一个公认的事实是，太阳电池盖片和二次表面镜还没有可以抗 ESD 的替代材料。使用 ITO 涂层可以降低其性能退化，但 ITO 必须接地。使用前需要经过分析和 ESD 试验确定它们对附近电子设备的影响。还要注意，在低温时玻璃的电阻率会明显升高[3]

以下材料已经被用于提供航天器的导电表面（切记，这些导电表面应该是接地的，至少不要悬浮）：

1）真空金属化处理的片状、带状、块状电介质材料，金属铝、金、银、镍镀在基底材料 Kapton$^{®}$、Teflon$^{®}$、Mylar$^{®}$ 及熔融石英上；

2）薄的前表面导电涂层，尤其是熔融石英、Kapton$^{®}$、Teflon$^{®}$ 或电介质堆上的 ITO；

3）Kapton 材料（美国 Sheldahl 公司的黑 Kapton）上的导电漆、

喷雾膜（薄的漆涂层）、碳填充的 Teflon 或者碳填充的聚酯；

　　4）导电胶；

　　5）暴露的导电面板材料（石墨/环氧树脂，用砂纸打磨暴露出导电的石墨纤维或金属）；

　　6）非导电基底上的蚀刻金属栅格或搭接金属网；

　　7）铝箔或者金属化塑料薄膜带。

　　由于这些材料的结构和性能参数区别很大，因此对应的接地技术也很多，并且要仔细考虑具体细节，以保障航天器在轨可靠运行。

　　以下关于表面材料接地/搭接的做法已被证实是可行的：

　　1）导电胶可用于将熔融石英、Kapton® 和 Teflon® 的二次表面镜搭接至与结构地相接的导电基底上。如果基底不导电，应该用金属箔或接地线层压导电胶，并用螺栓固定在结构地上。光学太阳反射器（OSR）须具有导电的后表面（例如：镍）才能被使用。

　　2）选用导电胶时，其长期使用的稳定性必须经过验证，尤其是真空热循环后的导电性、不同热膨胀中的兼容性（尤其是环氧胶），以及长时间电腐蚀后的电阻性能。

　　3）金属化 Teflon® 即使在接地情况下，也易受 ESD 影响，应避免使用。如果在特定应用中没有可替代产品，则必须评估 EMI 效应、污染，以及光学和机械性能退化的影响。

　　4）导电漆应接地至结构地，底漆也应具有导电性。如果不能将漆喷涂在接地的表面上，则漆的外边界应延伸至接地导体上并与之交叠。

　　5）必须为具有导电表面的孤立电介质薄膜提供接地片。

　　6）将金属网简单地铺在电介质表面是不可以的，必须采用粘接或热封的方法，且过程中注意不要退化和污染表面。

　　7）导电前表面薄涂层（例如：ITO）有多种接地技术。至少已有一个生产厂商针对 OSR 和玻璃盖片的 ITO 涂层采取了额外措施，实践证明其提供了优秀的在轨性能，增加的成本是值得的。这些措施包括：将接地导线焊接至前表面的金属接地点上；用导电胶将接地线圈（可承受不同程度的热膨胀）与前表面搭接；在做 ITO 涂层之前，先对 OSR 的边缘做倒角，以保证 ITO 涂层与用于搭接 OSR 至其基底的导电胶相接触。

8）对于 MLI，合适的做法是延伸铝箔片至前表面。

3.2.1.5.2　不导电表面

如果航天器的表面不能做成 100% 导电，就必须从 ESD 防护的角度进行分析以证明设计是合适的。注意，不是所有的电介质材料都具有同样的充电或 ESD 特性，因此，材料的选择可以显著地影响表面充电的状态。例如，参考文献［3，4］的研究结果显示，不同的盖片材料有不同的电阻率且都受温度影响，因此选择不同的盖片材料，航天器的充电结果会有明显差别。

在选择材料之前进行的分析，必须包含航天器充电分析，以确定表面电势和电场、放电参数（幅度、持续时间、频谱）及 EMI 耦合。从航天器充电、放电和 EMI 更加可靠的角度，可能会选择光学透射较小的盖片，并通过屏蔽和电路重新设计来提供适当的保护，同时兼顾节约成本和重量。

被选择的材料有它们自身的成本、重量、有效性、可变性、加工效果等，同时，还需要适当考虑航天器充电效应的不确定性。飞行数据显示，标准、稳定的热控材料会发生明显的光学退化，例如，OSR 和 Teflon 的二次表面反射镜，地面试验不能准确预言这一问题，部分原因是由于充电效应增强了对带电污染物的吸附。此外，通过使用充电控制材料，某些航天器异常或失效或许可以减轻或避免。当航天器设计完成时，必须对保留在航天器表面的绝缘材料进行 ESD 危害评估，通过对该绝缘材料的电势储能以及与之临近的潜在受害目标的分析，了解航天器是否存在威胁。

一个大部分由电介质材料构成的航天器，可能反而会减弱充电电场。由于电介质的光电效应不显著[5]，这会导致航天器结构电势变得更负，因而减小了电介质与航天器之间的不等量带电。应吸取的教训是，所有的表面绝缘材料必须评估其不等量带电，每个绝缘区域必须评估其放电电压、存储能量的能力、以及对邻近电子学系统（中断或损坏）和表面（侵蚀或污染）的影响。

3.2.1.5.3 二次电子发射率

还有一种减缓表面充电的方法，但仍处于研究阶段，较少被采用。该方法建议在航天器的金属表面形成氧化层，以提高二次电子产额。三维表面充电仿真结果显示，该方法显著降低了航天器表面所充电量，并略微减缓了被遮挡 Kapton 的不等量带电。应仔细分析任何所选材料，以保证它们本身不会产生问题，并能够在寿命期限内始终发挥作用。

3.2.1.6 辐射点屏蔽与其他悬浮金属

辐射点屏蔽必须接地。Bodeau 在参考文献 [6,7] 中重点强调了此项规则。接地的方式可以有很多种。如果 Solithane 或其他保形涂料有适当的电阻率（在 10^{10} Ω·cm 量级或以下。由于航天器内部的电子通量很低，故电阻率 $<10^{10}$ Ω·cm 即可接受。对于特殊的应用，需要首先明确电子通量的大小），就不需要独立的接地线。但必须考虑这些材料处在长期的高真空和辐射环境下，是否会发生老化，从而导致电阻率升高的情况。

3.2.1.7 通过集总元件或电路选择进行滤波

接口电路应使用低通滤波器。尽可能使用低速、抗干扰的逻辑单元。使用具有较高抗接口噪声的互补金属氧化物半导体（CMOS）电路，但要注意其是否容易发生闩锁。出于 IESD 防护的目的，必须使用滤波器或保护电路，以隔离设备终端之间的相互干扰。

使用滤波器以保护电路不受放电干扰的影响。对于从外面进入到法拉第笼内的电缆线，即使已经做了屏蔽，仍然会有较高风险引入 ESD 脉冲。在最初的设计中，应该考虑对此类 ESD 进行防护，建议使用滤波器，除非分析结果显示不需要。

通常，在规范中会给出需要滤波消除的低于特定持续时间，即高于特定频率噪声的建议。在通信技术卫星（Communications

Technology Satellite，CTS）中，发射器与接收器有效清除了低于 5 μs 持续时间的噪声脉冲，这对其电路系统是合适的。类似的滤波概念，还包括阈值电压或阈值能量。滤波作为防止电路中断的有效手段，应被纳入系统设计中。每一种选用的滤波方法，都需要经过分析和试验，以验证选用该方法是否正确。需要评估滤波器是否能够承受航天器在整个任务周期内可能遭遇的峰值瞬变电压。当前，电路的特征尺寸变小、运行电压变低，更需要利用滤波来改善 ESD 防护。

3.2.1.8　隔离变压器的初级和二级绕组

隔离所有变压器的初级和二级绕组。降低初级和二级绕组电容可降低共模噪声耦合。这也是降低 ESD 所致噪声的 EMC 解决方案之一。

3.2.1.9　容易被忽略的悬浮导体

为所有导体（包括结构单元）提供电荷泄漏路径，包含但不限于以下各项：

　　1）信号和功率变压器铁芯；

　　2）电容罐；

　　3）金属化 IC 和混合器件；

　　4）电缆中未使用的连接器插针及导线，包括那些在开关断开时被绝缘的；

　　5）继电器罐。

可以为这些悬浮导体设置专门的接地电阻来泄漏电荷，也可以通过保形涂层、常规接地线来泄漏。另一种防护的方法是减小其电荷存储区域的面积。需要确认那些预先设想的电荷泄漏路径能够真正地发挥作用，或者即使没有接地，但也不至于产生 ESD 威胁。

3.2.1.10　内层漆和保形涂层

大部分漆及保形涂层都是电介质，能够被高能带电粒子充电，因此在内部充电防护设计中必须加以考虑。导电涂层必须搭配导电底漆使用，以使其与结构地导通，能够泄漏电荷。如果使用非导电底漆，其上的导电涂层将与地隔离，从而导致充电。如果底漆或基板是非导电的，则需要为导电涂层提供其他的接地路径。

3.2.1.11　电缆束布局

航天器内部的电缆束要远离孔洞。仔细布局内部电缆束，最大程度地减少其对高能粒子环境的暴露程度，电缆束不应离孔洞过近。

3.2.1.12　外部电缆

要对航天器外部电缆提供额外的防护。外部电缆的绝缘皮，可能被充电至临界点，并发生放电，因此需要提供足够的防护。至今，还没有针对外部电缆防护程度的明确设计规范。外部电缆应紧密缠绕包裹，以减少电弧在电缆间可能的传播空隙。

3.2.1.13　滑环接地路径

将搭接线和接地线穿过所有的铰接和旋转接头。对于含滑环的旋转接头，框架接地线也必须穿过滑环后接地。注意由太阳电池阵或其他路径引入 ESD 电流的情况，需要在航天器框架至太阳电池阵框架之间的路径上设置串联电阻，以限制 ESD 电流进入卫星内部（见 3.2.4.3 节的第 20 条内容）。

3.2.1.14　电缆隔离

隔离由航天器外部进入法拉第笼的电缆。航天器外部的电缆进入舱内，在与其他的内部电缆连接之前，需要进行滤波，并且滤波最好在入口位置完成，这样做可以防止外部可能的 ESD 噪声耦合进入内部。将经过滤波和未经滤波的电缆捆成一束是糟糕的设计，因为 ESD 噪声会在两者之间耦合。

3.2.1.15　ESD 敏感器件

ESD 敏感器件需要特别注意。根据 MIL – STD – 883G 的微电路测试方法标准[8]［方法 3015.7，静电放电敏感度分级（人体模型）］，将器件列表中的所有一级 ESD 敏感器件都标记出来。航天器设计结束后，要按照 3.2.2 节的方法进行充电分析。对于可能会被潜在风险破坏的设备，需要采用防护措施。

3.2.1.16 步骤

制定合适的处理、装配、检查和试验步骤，以保证航天器接地系统的电连续性。航天器接地和搭接系统的电连续性，对其充电效应适应性的总体设计至关重要。此外，也将显著影响航天器 EMC 设计的完整性。在构建航天器接地系统的过程中，必须采用正确的处理和装配步骤。在制造过程中，仔细检查所有的接地金属带、测量接地直流电阻的大小，并在运送至发射场之前再次检查和测量。在航天器发射之前，对接地系统的电连续性做最终检查是很有必要的。

相关参考请见 NASA - HDBK - 4001[1]，它描述了如何构建电功率与电信号的接地系统，可将这本手册作为 ESD 防护的补充说明。

3.2.2 表面 ESD 设计指南（不包括太阳电池阵）

3.2.2.1 定性表面 ESD 指南

定性表面 ESD 指南，可参见 3.2.1 节的通用 ESD 设计指南。

3.2.2.2 定量表面 ESD 指南

本节给出了定量的表面 ESD 设计指南，以帮助设计师处理不同几何和材料的情况。这里列出的是一些通用性规则，对于每次不同的任务，建议单独制定规范。

由于空间等离子体对航天器的充电电流很小，所以航天器表面可以有比较高的对地电阻，即能满足电荷泄漏要求。各种情况的具体建议如下：

1) 导体材料，例如金属，必须与航天器主结构导通，且电阻满足

$$R < \frac{10^9}{A} \ (\Omega)$$

式中 A——导体暴露表面的面积，单位为 cm^2。

2) 部分传导表面，例如漆，当其应用在接地导体材料表面时，

电阻率和厚度的乘积必须满足

$$rt<2\times10^9 \ (\Omega\cdot cm^2)$$

式中　r——材料电阻率，单位为$\Omega\cdot cm$；

　　　t——材料厚度，单位为 cm。

3）部分传导表面，当其应用在绝缘材料表面时，要求边缘接地，且电阻须满足

$$\frac{rh^2}{t}<4\times10^9 \ (\Omega\cdot cm)$$

式中　r——材料电阻率，单位为$\Omega\cdot cm$；

　　　t——材料厚度，单位为 cm；

　　　h——表面至接地点的最大距离，单位为 cm。

上述三条指南，依赖于航天器特定的几何和应用。在航天器设计中，还使用过一些操作简单的指南，如下：

1）孤立导体必须接地，且与航天器结构之间的接地电阻小于$10^6\Omega$，即 ECSS - E - ST - 20 - 06 C[9]中的建议值；

2）应用于导体基底上的材料，体电阻率必须小于$10^{11}\Omega\cdot cm$；

3）应用于绝缘基底上的材料，必须在边缘接地，且面电阻率小于$10^9\ \Omega/sq$，其中Ω/sq是面电阻率的单位，其定义详见附录 E.3。

这三条指南隐含了航天器几何结构的影响，要比之前的三条更加严格。要通过试验测量从材料表面任意点至卫星结构的电阻值，以验证防护设计的效果。要注意一些可能出现的问题，例如，导电漆之下的底漆是非导电的，此时导电漆的电导率是无用的。

所有的接地方法必须经过论证，以证明其在航天器的整个服役期内是有效的。建议测量所有表面及接合处的电阻，验证其符合防护设计指南。测量绝缘材料的电阻时，使用的电压应高于 500 V。关于测量的细节见附录 E.4。

接地方法必须能够适应 ESD 事件的电流泄放、真空暴露，以及热胀冷缩等情况。例如，直角边缘或两种不同材料接缝处的漆，可能会裂开，从而失去电连续性。

3.2.3　内部 ESD 设计指南

内部硬件的防护指南，可参考表面的防护指南。

3.2.3.1　定性内部 ESD 指南

定性内部 ESD 指南可参考 3.2.1 节的通用 ESD 设计指南。内部区域也有表面，适用表面的规则。

3.2.3.2　定量内部 ESD 指南

以下介绍定量的内部 ESD 指南。

3.2.3.2.1　将导体接地

航天器上未使用的电缆、电路布线及其他未连接到电路里的导体，当其面积大于 3 cm^2（对于电路板，应为 0.3 cm^2）或长度超过 25 cm 时，必须接地。连接到电路里的导线和金属，不必考虑充电问题。确认所有的辐射点屏蔽都已接地。最好不要存在任何未接地金属，例如接插件空针等。当存在下面情形时，允许例外：

1）在预期遭遇的空间环境下，不会发生放电；

2）预期发生的放电，不会破坏或干扰邻近最敏感的电路，或者不会引起超过 EMC 要求的 EMI（假设存在单独的 EMC 要求）。

对于新型航天器，某些较早形成的定量防护指南需要重新审议。例如，最大未接地金属面积，ECSS - E - ST - 20 - 06C[9] 给出的建议是不能超过 1 cm^2。

3.2.3.2.2　通过屏蔽限制卫星内部的电子通量

利用航天器所处轨道的最恶劣高能电子能谱（图 2 - 6 为 GEO 轨道恶劣谱）计算航天器内部各个位置的电子通量，再依据计算结果，防护所有电路达到安全水平（图 2 - 5 未考虑余量，在具体项目中应考虑余量）。对于 GEO 轨道卫星，根据以往的经验，建议的屏蔽水平要达到110 mil（译者注：即 2.8 mm）铝等效厚度。在此情况下，就不需要再作进一步的屏蔽，也不需要进行电子输运分析，除非需要节约重量，屏蔽水平无法达到建议值。需要注意的是，110

mil 仅是对 GEO 轨道屏蔽厚度的一个建议，Bodeau 就建议对电子通量水平做更严格的限制，相应的 GEO 轨道铝屏蔽厚度应达到 200 mil 以上[6,7]。

如果通过计算证明，在任何电子环境下，目标位置的电子通量都小于 0.1 pA/cm^2（或 10 小时内电子注量低于 10^{10} e/cm^2），该位置的电路就不需要额外的屏蔽。Bodeau 和 Balcewicz 等人建议电子通量应小于 0.01 pA/cm^2[6,7,10]，但这在实践中是难以执行的。需要注意，以上建议是基于室温条件下常用电介质材料的体电阻率给出的，由于电介质材料的体电阻率通常会随着温度下降而增大，在实际应用中，若卫星经常处于低温环境，通量限制还需下调[7]。另外，0.1 pA/cm^2 的通量限制，是基于 10 小时注量小于 10^{10} e/cm^2 得出的，对于时间常数大于 10 小时的电介质材料，在 ECSS - E - ST - 20 - 06C 手册和 Bodeau 的文章中建议应采用更长的电子通量积分时间进行评估[7,9]。

如果电路是一级 ESD 敏感电路（MIL - STD - 88G3，Method 3015.7），或该类电路存在已知的在轨异常，当入射电子通量在 0.1 pA/cm^2 至 0.3 pA/cm^2 之间时，须屏蔽到 0.1 pA/cm^2 水平（对于非常敏感的电路，应采用更厚的屏蔽，将电子通量限制在更低的水平）。如果电路是二级 ESD 敏感电路，当入射电子通量在 0.3 pA/cm^2 至 1 pA/cm^2 之间时，须屏蔽到 <0.3 pA/cm^2 水平。如果入射电子通量超过 1 pA/cm^2，就可能发生 IESD 问题。

3.2.3.2.3 滤波电路

电缆的防护水平通常低于 3.2.3.2.2 节的要求，需要通过滤波保护与其连接的电路。采用滤波的另一个原因是，某些电路的防护水平也达不到 3.2.3.2.2 节的要求，需要防止电路间的相互干扰。例如，温度传感器位于航天器之外，并与航天器之内的敏感电路相连接，此时可采用 RC 滤波或二极管保护，来抑制 ESD 对内部敏感电路的影响。滤波器应能够预防脉宽 20 ns 左右的放电脉冲，例如，20 pF 的电容充电至 100 nC 所产生的放电脉冲（大约 5 kV，

250 μJ）。如果可能，建议对滤波防护效果进行模拟试验验证。

3.2.3.2.4　电场强度

为了避免发生放电，应使电介质内部的电场强度低于 100 V/mil（大约 $4×10^4$ V/cm 或 $4×10^6$ V/m，见参考文献 ［11，12］）。在设计高压系统时，应使任何材料内部或间隙的电场强度均低于 100 V/mil。要尽可能消除容易出现高电压差的情况，例如：电路板的绝缘材料被入射电子充电至较高的负电位，而邻近的金属材料仍保持低电位；未接地金属屏蔽被入射电子充电至高的负电位，而邻近的绝缘材料仍保持低电位；电缆线的绝缘外皮被入射电子充电至较高的负电位，而内部的金属芯线仍保持低电位。此外，电源在一次放电的诱发下可能产生持续放电，所以电源线不要裸露。与以上类似的、所有可能的放电源头，都要尽可能消除。

3.2.3.2.5 在电路板上涂覆泄漏介质

在电路板上使用能够泄漏电荷的保形涂层。Leung 和 Mikkelson 曾使用了一种电阻率为 10^{10} Ω·cm 的涂层，在电路板上产生电阻值为 $10^9 \sim 10^{13}$ Ω 的电荷泄漏路径[13]。这种涂层能够泄漏掉大部分的沉积电子，且不影响电路性能。该涂层已通过航天资质认证（高低温循环、真空等）。地面试验显示，使用该涂层显著降低了充电敏感区域的电压，且不必改变电路布局。目前，该技术还属私人产品，但其概念可以被借鉴。

3.2.3.2.6　用接地或连接入电路的金属填充电路板空白区域

限制电路板上能够积累电荷区域的面积。在未使用的空白区域设置接地或连入电路的金属布线，将体积较大的电介质分割成不连续的小块，以减小每次放电的 ESD 能量，这是本书新提出的观点（基于 NASA – HDBK – 4002A 手册）。这一防护方法目前还未通过验证。其推导过程见附录 H。

在设计电路板时应该注意：任何面积超过 0.3 cm² 的金属都应通过 0～10 MΩ 的电阻接地；同时，不应有面积超过 0.3 cm² 的空白电介质区域存在，否则，应在该区域设置 0～10 MΩ 的电阻接地或者接入电路的布线。

对于厚度为 80 mil 的标准 FR4 电路板，图 3 - 1 就电介质空白面积与接地深度之间关系，给出了设计规范（图中所谓的"接地"，有两层含意：1）接地；2）接入电路）。图中横轴"接地深度"是指电介质上任意点至邻近接地参考面距离的最大值，例如：厚 80 mil 的电路板，有一面接地，则接地深度为 80 mil；如果两面都接地，则接地深度为 40 mil。

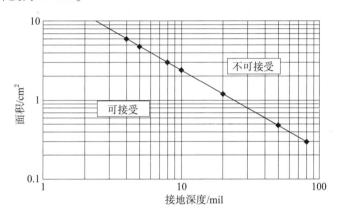

图 3 - 1　允许的未使用面积与接地深度之间的关系

3.2.4　太阳电池阵 ESD 设计指南

本节为太阳电池阵的 ESD 防护指南。

3.2.4.1　太阳电池阵的可能 ESD 问题

太阳电池阵的高工作电压及输出功率，会造成以下的航天器充电效应：

1）发生的放电得到太阳电池阵或航天器内部储能的供应，从而形成持续放电，这将导致太阳电池阵的能量损耗或永久损坏。

2）放电导致太阳电池阵的瞬时功率损失和性能退化（与第 1 条类似，但没有形成持续放电）。

3）航天器结构相对于空间等离子体带电而导致的问题（充电表

面对污染物的吸附，以及由此导致的表面侵蚀）。这类效应在 LEO 轨道环境中更为明显[14]。

4）对科学试验的影响（太阳电池表面充电形成的电场，能够改变离子或电子的轨迹，导致等离子体探测仪器不能准确记录进入其窗口的电子或离子）。

5）由于太阳电池阵上的暴露导体发生电流泄漏，而导致的能量损耗。当电池串与空间等离子体的电势差为正的 200～1 000 V 时，会出现闪弧现象，导致急剧的功率损失。太阳电池阵 I/V 曲线中的电压与几何和材料相关，当与等离子体的接触面积更大、二次电子发射系数增加时，会导致电流的显著增大。

3.2.4.2　背景介绍

下文给出了避免太阳电池阵充电效应（包括充电导致的表面损伤、对搭载科学仪器的干扰、向空间等离子体的功率泄漏，以及 ESD 造成的影响和损伤等）的基本准则。这些准则是从众多参考文献中收集整理而来的，主要包括参考文献 [3，14－17]，以及这些文献引用的其他资料。

值得注意的是，在编写本书时（2011 年），高压太阳电池阵（工作电压高于 28 V）的飞行经验还比较少，因而无法针对所有的空间等离子体环境提出可靠的、最优的设计准则，本文的相关内容仅能作为参考指南（国际空间站是一个例外，其上使用了较高电压的大块太阳电池阵，一些文献已经对其充放电效应的影响进行了研究[18]）。对于太阳电池阵来说，所有的新型设计在服役之前，都必须在预期遭遇的空间环境下进行试验验证，这是首要的原则。当前，对太阳电池阵的关注度有所提高，这也将是未来几年的研究热点[19]，尤其是在现有基础上制定出新的试验标准。

在实际操作中，没有必要将本文列出的所有设计理念都用上，那样做会导致质量和经费成本超出预算，并降低效率。通过权衡，给出最合理的设计方案是必要的。需要强调的是，通过工程设计和分析给出最优化结果之后，这一最终设计必须经过试验验证，并且试验条件要与真实空间环境尽可能相近。试验的注意事项及细节描述见下文。为了形象说明该问题的严重性，在图3-2中给出了由于设计不当，致使太阳电池阵在空间等离子体环境中出现的典型损伤。

图3-2中（a）所示的照片，来自欧洲空间局利用航天飞机回收的 EURECA（European Retrievable Carrier）任务[15]，显示了太阳电池阵的在轨损伤；图3-2中（b）所示为地面模拟等离子体环境中试验所得的太阳电池阵损伤[20,27]。由于发生故障的航天器通常无法回收，所以故障分析通常也只能通过地面试验进行，由图3-2的对比可知，地面模拟试验的结果不一定能够真实反映出天上发生的情况。

(a) 在轨 ESD 导致的损伤

(b) 地面试验 ESD 导致的损伤

图3-2　太阳电池阵 ESD 损伤实例

3.2.4.3　太阳电池阵防空间充电及 ESD 设计指南

1）使用不会发生放电的太阳电池阵。当前太阳电池阵的发展趋势是更高的功率、更高的电压，同时导线尺寸和重量尽量小。在此情况下，这一要求难以实现。

2）对于任何新的设计，都要在典型的等离子体和高能带电粒子环境下进行试验。试验中应该考虑太阳电池阵的电压余量，以保证该设计是可靠的。

3）如果电池单元之间的最大电压差小于等于 40 V，则可以认为安全。这条指南已被证实是合理的。当电压差达到 80 V 左右，在未做防护设计的太阳电池阵上就有可能发生放电。注意，当电池处于开路状态时，电池串之间的电压会比通常状态高 20% 左右。

4）为每个电池串串联一个二极管，以保证单一电池串发生放电时，不会得到来自太阳电池阵上其他电池串或母线存储能量的支持。在未做防护设计的太阳电池阵上，2 A 左右的电流就能够形成持续放电。选择的二极管要能够承受可能发生的最大 ESD 放电或对基底的短路。图 3-3 和图 3-4 说明了第 3 和 4 条设计指南。

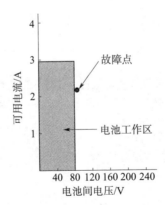

图 3-3　砷化镓（GaAs）太阳电池测得的
I/V 故障阈值[3]

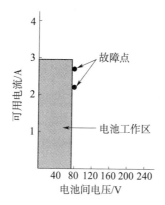

图 3-4 硅（Si）太阳电池测得的 I/V 故障阈值[3]

5）不要将太阳电池阵负接地至航天器结构，尤其是在 LEO 轨道。如果整流器可以隔离，将太阳电池阵悬浮也是一种选择。这样的设计，使得太阳电池阵相对空间等离子体的电势能够自动调节，从而向等离子体泄漏的功率损耗电流最小（假定是常规的太阳电池阵，电池的电势在边缘处暴露）。这样会形成一个软接地，使太阳电池阵大约 5% 区域的电势高于等离子体，95% 区域的电势低于等离子体。但本书作者通常反对任何完全悬浮的导体系统存在。

有一个替代方案可以达到与悬浮太阳电池阵类似的效果，就是将太阳电池阵的正极与航天器的结构地相连。这样做，对整个航天器的电势影响较小，太阳电池阵向空间泄漏的功率也较小。为了使航天器结构与空间等离子体保持相同的电势，最好的接地方案，是将电势距离太阳电池阵正极约 5%~10% 的那点与航天器结构相连。防护设计的目的，是为了减小太阳电池阵向空间等离子体泄漏电流而造成的功率损耗，同时缩小太阳电池阵任何部分与空间等离子体之间的电压差以避免发生放电。这两个目的的解决方法不尽相同，需要采取一些折衷方案。在进行设计之前，需要对充电电流、功率损失以及平衡电压进行分析[15]。此段内容对于 LEO 轨道更有用，因为 LEO 轨道的等离子体密度较高，对充电的影响更大。对于其他轨道，如果电推进器喷出的等离子体，或者有其他高密度的等离子体到达太阳电池阵，情况与 LEO 类似。

6）太阳电池阵的设计要注意避免过多的功率损耗。例如，其相对于航天器结构的正电压不应超过 100 V。如果必须使用高电压，需要采取的措施是用绝缘胶（航天资质认证的室温硬化（RTV）硅树脂）对高压金属区域（互连片和导线）做好绝缘。填充绝缘胶时，要避免出现任何的气泡，这一点非常重要，因为混入的空气会使放电阈值降低，在较低的电压下即可产生帕邢放电。太阳电池阵的制造过程必须细致严谨，电池的装配人员应经过良好的培训，质量保证（QA）应贯穿在整个制造过程当中。

7）不要将任何气体排放到太阳电池阵表面或附近区域。最典型的，是姿态控制系统排放的气体，或是低温冷却系统排放的气体。即使是在较低的电压下，局部气压的变化也有可能引发放电（帕邢放电）。

8）做好太阳电池阵的绝缘，避免传输电能的导体暴露于空间中。最简单的方法如本节第 6 条所述，是将电池间所有的空隙都用绝缘胶填充。图 3-5 和图 3-6 显示了如何进行这一填充。图 3-6 所示的填充，实际上是一种可被允许的捷径。假设电池 1 与电池 3 串联在一起，两者之间的电势非常小，所以没有填充绝缘胶；与之相反，电池 1 与电池 2，以及电池 3 与电池 4 不在同一个电池串上，其间的电势差较大，所以它们之间的空隙被绝缘胶完全填充。在每个电池片四角的位置可能出现较高的电场，故在此处填充的 RTV 胶沿着两个串联电池间的空隙做了少许的延伸，如图 3-6 所示的"RTV 隔离带"。图 3-6 中的 b 是 RTV 胶填充宽度，图 3-5 中的 b、r、g 和 x 是参考文献［3］公式中的变量。将电池间的所有空隙用 RTV 胶全部填充，是最可靠的设计。图 3-7 和图 3-8 显示了使用 RTV 胶填充之后，与填充之前（图 3-3 和图 3-4）相比，电池可靠性提升的效果。

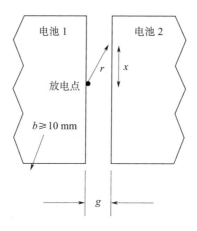

图 3-5　电池之间存在的空隙[3]

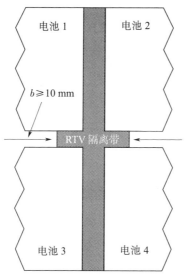

图 3-6　在电池之间的空隙填充绝
缘胶以防止发生放电[3]

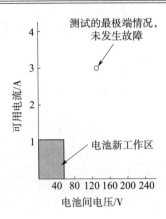

图 3 - 7　填充了 RTV 胶的 GaAs 太阳电池[3]

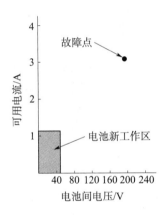

图 3 - 8　填充了 RTV 胶的 Si 太阳电池[3]

9）使用略微导电的盖片，以降低潜在放电区域的充电电场。

10）使用面积比电池片大一些的盖片，使其完全覆盖电池片，以隔离空间等离子体。

11）限制电池阵内相邻电池间的电势差，以降低放电的可能性。电池间的电势差建议不超过 40 V，且设计要经过试验验证。

12）使电池之间的间隙足够宽，以防止放电的发生。拟采用的设计必须在等离子体环境下进行试验。该设计方案降低了电池密度，导致能量密度降低（W/m^2和/或 W/kg），采用的可能性较小。

13）保证太阳电池阵所用材料不会在空间环境下出气，或在高温下退化。

14）保证所有绝缘材料的厚度足以承受预期遭遇的电场强度，不至发生击穿放电。但材料也不宜过厚，否则更容易累积电荷，从而引发问题。在 ESD 分析和试验中，应包含针对此问题的评估。

15）在航天器上使用等离子体接触器（中性等离子体束）是一种在等离子体环境下调节航天器电势的方法。该方法适用于 LEO 轨道、低能等离子体测量，或是减缓由于吸附带电离子造成的表面侵蚀等情况。这类主动防护装置除了可靠性之外，重量、复杂性、能耗和消耗物等也是需要考虑的问题。截至目前，国际空间站上搭载的等离子体接触器运行良好。

16）在导线绝缘皮、基底、结构等场合使用的绝缘材料要薄，这样可以防止电荷在预期服役的空间环境下大量累积。要综合考虑材料的电阻率和厚度，使电荷通过材料向地泄漏的速度快于材料表面或内部危险电势升高的速度。

17）不要将 ESD 敏感设备放置在太阳电池阵可能发生放电的区域附近。例如，热敏电阻或其导线如果放置在太阳电池附近，会导致 ESD 能量馈入到敏感的遥测数据复用单元中。

18）太阳电池阵的导线在接入电源之前一定要进行滤波，滤波最好在导线进入航天器法拉第笼的入口处完成。如果太阳电池阵的导线未在进入法拉第笼的入口处做滤波，则需要对入口处至电源之间的这段导线进行屏蔽。

19）温度传感器和来自太阳电池阵的其他数据信号，在进入航天器之前需要进行滤波，或者至少在接入电子仪器盒之前进行滤波。

20）将太阳电池阵基底的地与航天器框架的地隔离。在太阳电池阵基底与航天器框架之间，设置大约 2~250 kΩ 的绝缘电阻，这

样可以限制电流从电池阵流入基底再通过航天器结构返回。电阻值
应当在考虑所有电池阵参数和环境参数的基础上，通过计算得出。
这是一条新的准则，与早前的 NASA TP－2361[5]有所不同，NASA
TP－2361 曾建议将太阳电池阵结构小心接地至航天器结构。在航天
器结构与太阳电池阵之间提供必要的隔离，额外增加了研制的复杂
性，实例可见 Bogus 等人的工作[21]。

　　电阻值下限的设定，应该能够起到将故障电流限制在较低值的
作用，以阻断由 ESD 事件引起的、从太阳电池阵至航天器结构的持
续电流。假设一个 100 V 太阳电池阵的最大容许持续故障电流为
1 mA（很保守的估计），可计算得出太阳电池阵基底与航天器框架
之间的最小隔离电阻应为 100 V/mA，即 100 kΩ。

　　电阻值上限的设定，与控制太阳电池阵相对于航天器框架的电
势差相关。例如，若预期空间等离子体充电电流为 1 nA/cm^2（GEO
轨道情况），则电池阵面积乘以 1 nA/cm^{2}可得出最大收集电流，假
设我们期望电池阵支撑结构相对航天器母线的最大电势差小于 10 V，
且太阳电池阵面积为 4 m^2，就可以得出太阳电池阵与航天器框架之
间绝缘电阻的最大值为 250 kΩ。

　　21）考虑太阳电池在空间可能遭遇的实际情况。例如，LEO 轨
道等离子体可以使 75 V 的太阳电池阵放电，并且初始的放电可能在
太阳电池本身储能的支持下形成持续放电。在 GEO 轨道及附近区
域，靠近导体的电介质表面充电也会引发放电（对于太阳电池阵导
线，大约 400 V 的电压差可能引发放电）。太阳电池阵的设计要充分
考虑各种可能发生的情况，关注预期会遭遇到的空间环境。极端的
温度变化、太阳照射、电池间的电势、等离子体的密度和温度等，
都是需要考虑的环境参数。

　　22）将 Si 电池与 GaAs 电池做对比。也许是 Si 电池，也许是
GaAs 电池，具有更不容易产生 ESD 的性质。目前的数据给出的结论
不一，难以得出有说服力的比较结果，未来的研究将确定它们到底
谁更有优势。

23）尽可能做好太阳电池阵和航天器之间连接导线的绝缘。对于太阳电池阵驱动机构，要注意做好电刷臂相互间的绝缘，以及导电滑环相互间的绝缘[22]。

24）考虑使用 Brandhorst 提出的 SLA（Stretched Lens Array）电池阵[23]。这是一种聚能器技术，可以消除太阳电池阵的一些充电问题。该技术已经通过航天资质认证。

3.2.4.4　太阳电池阵充电效应试验准则

在图 3 - 9 中，给出了太阳电池阵空间充电风险试验的典型设置，意在对该类试验做一个简要说明。为了更好地模拟在轨的真实情况，很多的太阳电池试验变得越来越复杂，但毕竟地面模拟装置能够提供的试验空间有限，通常只能以面积较小的电池样品来代替整个帆板开展试验。为了更有针对性地获得电池阵的某些详细参数，或者满足新的应用要求，可以对图 3 - 9 中的试验布局做适当修改。试验中的一些设置需要额外注意，例如，电容模拟了电池中储存的能量并对放电脉冲的初始电流大小有重要影响，导线的电感是引起振铃和谐振的原因，接地的基底可能会使放电通过接地点回馈到电路。好的太阳电池试验需要注意细节，使在地面进行的模拟与空间实际情况尽可能接近。

以下因素增加了太阳电池试验的复杂程度：

1）太阳电池阵的实际尺寸与结构；

2）等离子体环境模拟；

3）高能电子环境模拟；

4）太阳电磁辐射模拟；

5）电池阵及玻璃盖片的温度，含阴影区（无太阳电磁辐射）情况；

6）电池串中存储的能量（使用部分电池阵时，接地电容中储存的能量）；

7）太阳电池阵动态模拟，含瞬变电压转换速度与接地电容；

8）电缆线模拟（电容和电感效应）；

9）存在接地或者是绝缘电池基底的情况。

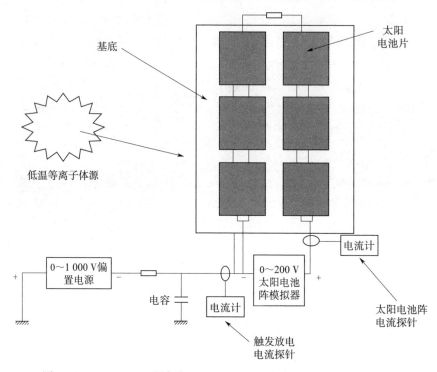

图 3-9　NASA Lewis 研究中心（现 Glenn 研究中心）太阳电池阵充电
与 ESD 试验设置[3]

Amorim 等人写过一篇不错的论文[24]，文中展示了在实验室测得的太阳电池阵放电电流，并结合空间实际情况进行了讨论。

3.2.5　特殊情况下的 ESD 设计指南

本节给出的指南适用于需要单独处理的特殊情况。通用 ESD 设计指南见 3.2.1 节。

3.2.5.1　隔热毯

多层复合绝缘隔热毯中的所有金属化表面都应该电连接至结构地。隔热毯中的每一层金属化表面，都应在隔热毯边缘用接地片互连接地。接地片由厚 0.005 cm、宽 2.5 cm 的条状铝箔制成。该铝箔片经折叠后，插入多层复合隔热毯中，与隔热层的前后金属化表面都接触良好，其接触面积为 2.5 cm×2.5 cm。移除接地片插入位置附近的绝缘垫片或网状材料，否则就需要验证所有导电层是否都已接地。隔热毯应由贯穿所有金属和电介质层的金属螺母和螺栓固定，固定时在隔热毯的前、后表面加上直径 2.0 cm 的金属垫圈，垫圈应处于折叠后 2.5 cm×2.5 cm 金属片的中心位置。可以使用不同尺寸的垫圈，在内表面应放入较小的垫圈，以确保折叠后的接地片与隔热毯导电层紧密接触。使用尽可能短的导线（长度不超过 15 cm）或导电的维可牢尼龙搭扣，使接地片与航天器结构地良好导通。

应避免在隔热毯上设置多余的接地片。接地片应位于隔热毯的边缘，并使隔热毯上的任意一点至邻近接地片的距离尽量小。形状不规则的隔热毯需要更多的接地片，以保证隔热毯上的任一点至接地片的距离小于 1 m。

以下内容在隔热毯的设计，制造，处理，安装和检查中必须注意：

1）在隔热毯制造过程中，用欧姆表测量所有金属层的接地状态；

2）安装后，用欧姆表检验隔热毯与结构间的直流电阻是否小于 10 Ω；

3）密封隔热毯的边缘（覆盖、折叠或带封），以避免隔热毯内部直接受到辐照；

4）不要使用起皱的或有折痕的金属化膜材料；

5）对隔热毯操作时要小心仔细，避免薄膜起皱或接地片松落；

6）如果隔热毯外表面是导电材料（导电漆、ITO、喷雾），用欧姆表检验其是否接地良好。

3.2.5.2　热控百叶窗

将热控百叶窗的叶片和转轴接地。最简单的方法是用双金属弹簧将叶片/转轴与航天器结构搭接，另一种方法是用细的电刷线连接转轴和航天器结构。

3.2.5.3　天线接地

天线单元通常应该接地至航天器结构。在初始设计阶段，就应当认真考虑实现天线的接地问题。所有金属表面、桁架、覆盖和馈源均应通过导线或金属螺栓（直流短路设计）接地至结构。所有的波导单元应通过点焊连通后，接地至航天器结构。这些单元的接地位置应该在进入法拉第笼的入口处。必要时可以采用导电环氧树脂，但必须通过测试保证其接地电阻小于 1 Ω。

3.2.5.4　天线孔径

航天器的射频（RF）天线孔径盖，通常应该是能够传导 ESD 且接地的。电介质材料的天线抛物面及天线罩的充放电效应，应该通过在表面覆盖可传导 ESD 的材料并接地加以预防。在这些 ESD 防护覆盖物安装完成之后，应验证是否影响天线的性能。

电介质材料的天线罩，可能会给附近的电子设备带来问题。有时天线罩会被安置在低噪音放大器（LNA）附近，若其表面充电，静电吸引会将其表面拉向 LNA，发生的放电可能将 LNA 毁坏，这是某些在轨故障的可能原因。因此，天线罩应该置于远离 LNA 或其他类似电子设备的地方，以保护这类设备。

当暴露的电介质阵列表面存在金属天线单元时，也会出现类似问题。从电介质至天线单元的 ESD 放电，沿着同轴缆到达接收器前端（或发射器输出端）会产生同类的破坏。这种情况需要引起足够的重视——即在表面存在靠近电介质的金属，其产生的 ESD 脉冲会传导至易受损的电子设备。此时，必须采用滤波或二极管防护，保护电子设备不被破坏。

应考虑天线馈源和抛物面的覆盖物的充电问题。天线系统中的孤立电介质材料，特别是馈线附近的电介质材料，可以存储大量的电荷和能量。例如，馈线附近的玻璃纤维分离器顶端有一块孤立电介质，它可以直接对馈线放电，并耦合进入接收端电路。对这些电介质应特别注意，因为它们处于航天器外部，没有足够的屏蔽。需要对天线不同区域的充电风险进行评估，同时考虑接收器和 LNA 的 ESD 敏感度。

3.2.5.5　天线反射面

天线反射面在太空可视的部分，应当使用导电的航天器电荷控制材料并接地。要选择合适的表面覆盖技术，例如，在电介质层上覆盖接地的导电网格、硅布、导电漆，或是非导电但能够泄漏电荷的漆等。接地良好的隔热毯也可以作为防护反射面充电的材料。某些特殊天线的表面（例如：调谐反射器阵列单元）有可能在设计中必须存在悬浮导体，如果分析表明这些悬浮导体的充电不致于产生危害，可以允许它们存在。

3.2.5.6　发射器与接收器

航天器的发射器与接收器应该对 ESD 脉冲免疫，包括源自天线的电介质（表面充电）及馈电系统（内部充电）的脉冲。发射器与接收器的电路设计必须能够承受航天器充电效应的影响。在设计的初期阶段，就应当考虑卫星 ESD 现象产生的电磁兼容问题，使其不受干扰。发射器，接收器和天线系统，必须在馈电系统附近试验测试 ESD 免疫性。需要考虑电介质向连接发射器或接收器的同轴电缆金属芯线放电的可能性。在必要时，根据 ESD 防护的需要更改设计。验证试验应当由富有经验的 ESD 工程师进行。

3.2.5.7　姿态控制系统

用于姿态控制的电子系统应该对 ESD 脉冲不敏感。姿态控制系统通常会有传感器置于法拉第笼屏蔽之外，这有可能导致 ESD 脉冲被传感器接收，并传入电子设备中，尤其是在电缆屏蔽不足的情况下。为确保接口电路不会受到这些 ESD 脉冲的干扰，在设计上必须注意细节。

3.2.5.8　展开系统

展开系统应当采用扁平的接地带连接至航天器结构。有一些设计利用电介质桁架来展开有效载荷，此时需要将载荷的电气系统接入公共参考地，或者与其他电势参考点相连。针对此类情况的建议是，采用扁平的接地带接地至航天器结构。从展开载荷延伸至航天器内部的电缆，须置于电介质桁架之内或者沿着桁架。这些电缆必须屏蔽，且屏蔽应在展开系统末端及法拉第笼入口处接地。

3.2.5.9　未接地材料

对于因系统要求而无法接地的对象，必须进行分析，以确保其在充电环境下不会出现问题。某些航天器上存在不能接地的物件，例如，在特殊的空间飞行实验中，可能有金属网或导电板不能接地。如果未接地对象的尺寸不大，就不会引起显著的充电问题，但仍需经过分析验证来确定。

3.2.5.10　蜂窝结构

蜂窝结构需要采用特殊方法接地。必须注意，内部的铝制蜂窝结构可能会因为粘贴材料而与表面的接地导电蒙皮隔离，成为悬浮导体。在此情况下，用一根很小的接地导线穿过铝蜂窝，然后固定在蒙皮上，就可以完成接地。导电蒙皮也可能因相互对接时接触不良而造成未接地。应进行过程管理，保证蜂窝结构和蒙皮的所有金属均接地良好，因为在装配完成之后，就无法再检查内部结构的接地状态。

3.2.5.11　需要带电的表面

如果某些表面必须带电（例如：科学仪器上的探测器），应将其置于窗口内凹陷处，或者采取屏蔽措施，以保证表面静电电势扰动低于 10 V。那些外露表面需要带电压进行测量的科学仪器，如法拉第筒，需要确保它们产生的静电场不会干扰附近表面电势，或在操作过程中不会发生放电。可以将它们置于凹陷处隐蔽起来，或者用接地的栅网加以屏蔽，以使其在航天器表面形成的电场最小。应从充电的角度进行分析，证明探测器成为航天器表面电位奇点是容许的，并且周围的结构不会影响测量。

图 3 - 10 显示了当航天器表面的电介质被空间等离子体充电时，会怎样影响电子的运动径迹。从图中可以看出，Galileo 卫星的电场导致了电子运动径迹的偏转。图中的 10 条曲线，分别代表 1~50 eV 区间内，在对数坐标下等间距的 10 种不同能量的电子径迹。模拟计算显示较低能量的电子路径偏转明显。在本例子中，为了使科学测

量不失真，最终根据分析结果更改了设计。

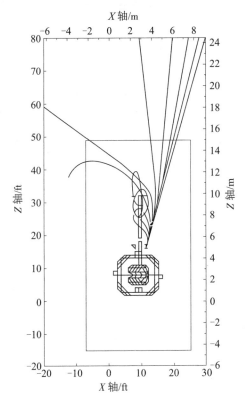

图 3 - 10 Galileo 卫星的电子轨迹[25]

3.2.5.12 航天器产生的等离子体环境

完整的等离子体环境，还应包括由航天器电推进（电弧喷射器、霍尔推进器及离子推进器）与其他可能的源生成的等离子体。考虑这一点很重要，因为当推进器工作时，GEO 轨道航天器会被类似于 LEO 轨道的等离子体所环绕。这些等离子体主要或者至少，会影响到 GEO 太阳电池阵的设计。尤其是推进器在航天器因 GEO 等离子体环境而带负电的状态下点火时，问题更为突出，这可能出现预料之外的协同效应而导致 ESD 事件，并造成太阳电池阵的损坏[26]。

参 考 文 献

[1] A. C. Whittlesey, Electrical Grounding Architecture for Unmanned Spacecraft, NASA – HDBK – 4001, National Aeronautics and Space Administration, 23 pages, February 17, 1998.

[2] J. Brunson and J. R. Dennison, "Dependence of Resistivity in Low – Density Polyethylene on Space Environment Parameters," paper presented at The 10th Spacecraft Charging Technology Conference, Biarritz, France, June 2007.

[3] C. F. Hoeber, E. A. Robertson, I. Katz, V. A. Davis, and D. B. Snyder, "Solar Array Augmented Electrostatic Discharge in GEO," presented at 17th International Communications Satellite Systems Conference and Exhibit, February 23 – 27, Yokohama, Japan, AIAA 98 – 1401, February 1998.

[4] R. S. Bever and J. Staskus, "Tank testing of a 2500 – cm2 Solar Panel," Spacecraft Charging Technology – 1980, Colorado Springs, Colorado, AFGL – TR – 0270/NASA CP – 2182, National Aeronautics and Space Administration, pp. 211 – 227, 1981.

[5] C. K. Purvis, H. B. Garrett, A. C. Whittlesey, and N. J. Stevens, Design Guidelines for Assessing and Controlling Spacecraft Charging Effects, NASA Technical Paper 2361, National Aeronautics and Space Administration, September 1984.

[6] M. Bodeau, "Going Beyond Anomalies to Engineering Corrective Action, New IESD Guidelines Derived From A Root – Cause Investigation," presented at The 2005 Space Environmental Effects Working Group Workshop, Aerospace Corporation, El Segundo, California, 2005.

[7] M. Bodeau, "High Energy Electron Climatology that Supports Deep Charging Risk Assessment in GEO," AIAA 2010 – 1608, The 48th AIAA Aerospace Sciences Meeting, Orlando, Florida, 2010.

[8] Anonymous, Test Method Standard for Microcircuits, MIL – STD – 883G,

United States Department of Defense, 716 pages, February 28, 2006.

[9] Spacecraft Charging, ECSS - E - ST - 20 - 06C, European Cooperation for Space Standardization, Noordwijk, The Netherlands, 120 pages, July 31, 2008.

[10] P. Balcewicz, J. M. Bodeau, M. A. Frey, P. L. Leung, and E. J. Mikkelson, "Environmental On - Orbit Anomaly Correlation Efforts at Hughes," Proceedings of the 6th Spacecraft Charging Conference, Hanscom Air Force Base, Massachusetts, pp. 227-230, Nov. 2-6, 1998.

[11] W. Khachen, J. Suthar, A. Stokes, R. Dollinger, and W. G. Dunbar, "Aerospace - specific Design Guidelines for Electrical Insulation," IEEE Transactions on Electrical Insulation, vol. 28, no. 5, pp. 876 - 886, October 1993.

[12] W. G. Dunbar, Design Guide: Designing and Building High Voltage Power Supplies, Vol. II, AFWAL - TL - 88 - 4143, Wright Patterson Air Base, Ohio, August 1988.

[13] P. L. Leung and E. Mikkelson, "Mitigation of the Internal Charging Threat Posed by Energetic Electrons using an Electrically Leaky Coating," presented at The 10th Spacecraft Charging Technology Conference, Biarritz, France, June 18-21, 2007.

[14] D. C. Ferguson, Low Earth Orbit Spacecraft Charging Design Standard, NASA-STD - 4005, National Aeronautics and Space Administration, 16 pages, 3 June 2007.

[15] D. C. Ferguson, Low Earth Orbit Spacecraft Charging Design Handbook," NASA - HDBK - 4006, National Aeronautics and Space Administration, 63 pages, 3 June 2007.

[16] D. C. Ferguson and G. B. Hillard, "New NASA SEE LEO Spacecraft Charging Design Guidelines - How to Survive in LEO Rather than GEO," 8th Spacecraft Charging Technology Conference, NASA Marshall Space Flight Center, Huntsville, Alabama, 2003.

[17] I. Katz, V. A. Davis, and D. Snyder, "Mechanism for Spacecraft Charging Initiated Destruction of Solar Arrays in GEO," The 36th AIAA Aerospace Sciences Meeting and Exhibit, AIAA - 1998 - 1002, 1998.

[18] M. J. Mandell, V. A. Davis, B. M. Gardner, and G. Joneward, "Electron Collection by International Space Station Solar Arrays," 8th Spacecraft Charging Conference, Huntsville, Alabama, 2003.

[19] D. Payan, J. – F. Rousse, E. Daly, D. Ferguson, and S. Lai, eds., Proceedings of the 10th Spacecraft Charging Technology Conference (SCTC – 10) . Biarritz, France: Sponsors: ONERA, ESA, NASA, and CNES, 2007.

[20] V. A. Davis, M. J. Mandell, D. L. Cooke, and C. L. Enloe, "High – Voltage Interactions in Plasma Wakes: Simulation and Flight Measurements from the Charge Hazards and Wake Studies (CHAWS) Experiment," Journal of Geophysical Research, vol. 104, no. A6, pp. 12, 445 – 12, 459, June 1, 1999.

[21] K. Bogus, C. Claassens, and H. Lechte, "Investigations and Conclusions on the ECS Solar Array in – Orbit Power Anomalies," Proceedings of the 18th IEEE Photovoltaic Specialists Conference, Las Vegas, pp. 368 – 375, October 21 – 25, 1985.

[22] V. Inguimbert, L. Levy, F. Bouay, D. Sarrail, G. Migliorero, and P. A. Mausli, "Study of Arc Propagation in Solar Array Drive Mechanisms," paper presented at The 10th Spacecraft Charging Technology Conference, Biarritz, France, 2007.

[23] H. Brandhorst, J. Rodiek, D. Ferguson, and M. O' Neill, "Stretched Lens Array (SLA): A Proven and Affordable Solution to Spacecraft Charging in GEO," paper presented at The 10th Spacecraft Charging Technology Conference, Biarritz, France, 2007.

[24] E. Amorim, D. Payan, R. Reulet, and D. Sarrail, "Electrostatic Discharges on a 1 m2 Solar Array Coupon – Influence of the Energy Stored on Coverglass on Flashover Current," presented at The 9th Spacecraft Charging Technology Conference, Tsukuba, Japan, April 2005.

[25] M. Harel, "Galileo NASCAP Analysis Report," D – 69473, IOM – 5137 – 82 – 62 (internal report), Jet Propulsion Laboratory, Pasadena, California, May 1982.

[26] J. J. Likar, A. L. Bogorad, T. R. Malko, N. E. Goodzeit, J. T. Galofaro, and M. J. Mandell, " Interaction of Charged Spacecraft with Electric

Propulsion Plume: On Orbit Data and Ground Test Results," IEEE Transactions on Nuclear Science, vol. 53, no. 6, pp. 3602 - 3606, 2006.

[27]　D. C. Ferguson, "Plasma Effects on Spacecraft Then and Now: A Welcome to Participants," Proceedings of the 6th Spacecraft Charging Conference, Hanscom Air Force Base, Massachusetts, pp. 1 - 5, Nov. 2 - 6, 1998.

第 4 章　航天器试验技术

应通过 ESD 试验来检验航天器及其系统的抗干扰能力。本书的观点是：该试验是完整的航天器充电防护设计中不可或缺的环节。本章对航天器及其系统的试验原理与方法进行了综述，内容与 NASA TP - 2361[1]手册中的对应章节基本一致。

4.1　试验原理

ESD 试验原理与其他环境鉴定试验相同：

1）使航天器处于预期的典型环境中。

2）将环境条件设定得更为苛刻，以留出安全余量，确保航天器在真实环境中安全可靠运行。

3）依次展开全面的设计鉴定试验，包括：

·各硬件单元的试验；

·长时间的持续试验；

·包含尽可能多的设备工作模式；

·对所有单元表面都进行环境试验。

4）对正样硬件在适度的范围开展试验。例如：若鉴定试验表明设计余量充足，则可省略部分单元的试验、缩短试验持续时间、仅试验设备的关键工作模式、仅让一部分表面经受试验。

理论上，航天器的初样与正样都应在充电模拟设备中经受试验，在与地面电气隔离的条件下承受亚暴环境级别的电子、离子与 EUV 辐照。试验过程中各系统的正常运行不应受到干扰。通常，正样硬件会倾向于避免此类试验，因为这会带来潜在损伤的可能性（即电路遭受内部物理损坏，表面上虽正常工作，但硬件性能的削弱可能会导致后期故障)。出于同样的原因,正样硬件接受的 ESD 试验也不像研发过程中的硬件那样频繁。同样,正样产品的试验强度也会更低,在试验中不增加余量来验证其生存能力。

由于模拟真实空间环境难度较大(真空度;等离子体参数,包括离子、电子及重离子等;平均能量;能谱;方向),航天器充电试验通常采取的形式是:评估各部件对放电瞬变脉冲的抗干扰能力。试验前,基于对放电参数的估算,来选择合适的放电源。在室温条件下,通过辐射和注入瞬变脉冲进行试验更为方便。但这种地面测试无法模拟真实环境中的所有情况,因为瞬态脉冲源所处位置或许与放电区域不同,放电脉冲在空气中的上升时间也比在真空中更长。必须分析放电设备的位置和放电脉冲波形,以尽可能提供对电路耦合作用的最佳模拟。考虑上升时间的差异,通过增加峰值电压以模拟真空电弧放电的 dV/dt 参数(电压对时间的变化率)。或者,可以通过试验中测得的感应电压,推算出相应的在轨干扰噪声。

目前,还没有简单的规则明确地指出是否需要进行试验,以及如何进行试验。一般的参考指南会规定,以工程样机硬件代替正样硬件进行试验,并且试验条件应比预期环境更为苛刻,以保证安全余量。类似考虑同样存在于其他的环境试验中,主要的区别是,相比于其他环境试验,ESD 与 IESD 的特定风险更难在实际试验中复现。若不进行试验,与表面和内部充电有关的严重问题将会被忽视,从而影响航天器的生存能力。在缺乏试验条件时,最好的办法是通过分析来优化设计。无论面对何种环境风险,良好的内部充电和表面充电防护设计作为必要的预防措施总是适当的,在所有情况下都应如此。正确的风险评估应包括计划周详的试验、关键部件电压强度等级的预估、在试验中对预估进行检验、试验后航天器的检查,以及结合所有要素来综合评估风险系数。

4.2　参数模拟

在仍未建立起完善的 ESD 试验技术的情况下，为了进行最低限度的充分试验，了解各项模拟参数尤为重要。根据它们对航天器造成干扰的可能性，试验设计中应考虑：

1）放电位置；

2）辐射场或结构电流；

3）材料面积、厚度和绝缘强度；

4）事件中的总电荷量；

5）击穿电压；

6）电流波形 [上升时间、宽度、下降时间、上升速率（A/s）]；

7）电压波形 [上升时间、宽度、下降时间、上升速率（V/s）]。

表 4‐1 是针对典型航天器计算得出的典型参数，数据是由不同

表 4‐1　空间中的 ESD 参数估算值

ESD 源	$C^{①}$/nF	$V_{b}^{②}$/kV	$E^{③}$/mJ	$I_{pk}^{④}$/A	$T_{R}^{⑤}$/ns	$T_{P}^{⑥}$/ns
电介质平板与导电衬底	20	1	10	$2^{⑦}$	3	10
外露的连接器电介质	0.150	5	1.9	3.6	10	15
高增益天线上的涂层	300	1	150	150	5	2 400
金属板的转化膜（阳极处理）	4.5	1	2.25	16	20	285
遮光罩涂层	550	0.360	36	18	5	600

注：来自参考文献 [1]，做了修正。

①电容值通过表面积、电介质厚度与介电常数计算得出；

②击穿电压通过电介质厚度和材料击穿强度计算得出；

③能量通过 $E = \dfrac{1}{2}CV^2$ 计算得出；

④峰值电流基于测量数据估算得出，根据面积平方根进行外推；

⑤放电电流上升时间根据试验测量数据推导得出；

⑥放电电流脉宽与电容器储存的总电荷相一致；

⑦更长的地线中的位移电流，电荷未平衡。

的来源汇编而成，其中主要来源是旅行者号（Voyager）和伽利略号（Galileo）卫星。每一项参数（如电介质平板放电的各项参数）均来自可用的最佳信息，且各参数自洽。在表4-1的注释中，对各参数的计算处理方法进行了说明。更多相关内容见参考文献[2，3]。

4.3 通用试验方法

4.3.1 ESD产生设备

表4-2列出了几种典型试验设备，将在后文中进行详述，并在可能的情况下给出该试验设备的典型参数。

表4-2 几种ESD产生源的实例

ESD产生设备	C/nF	V_b/kV	E/mJ	I_{pk}/A	T_R/ns	T_P/ns
MIL-STD-1541A①	0.035	19	6	80	5	20
20 cm×20 cm 平板电容，加5 kV 偏压，0.8 mm Mylar® 绝缘	14	5	180	80	35	880
集总元件平板电容器	550	0.450	56	15	15	②
电容器直接注入	1.1	0.32	0.056	1	3-10	20
电容器电弧放电	60	1.4	59	1 000	③	80
商用ESD试验设备	0.15	20	30	130	5	22

注：来自参考文献[1]，做了修正。
①参数是在类似MIL-STD-1541A[4]的设计上测量得到；
②放电电流脉宽可通过电路中的外电阻调整RC时间常数来改变；
③数值不确定。

4.3.1.1 MIL-STD-1541A电弧源

图4-1为MIL-STD-1541A[4]电弧源的原理及说明。表4-3

列出了放电电极间隙和击穿电压的典型值。电弧源的制作相对简单，且能为模拟空间 ESD 事件提供所需的参数。然而，其唯一可调的参数是放电电压，这可以通过改变放电间隙大小或在必要时调节放电电容的直流供电电压来调整。相应地，放电脉冲峰值电流和能量随放电电压而变化。由于上升时间、脉宽和下降时间几乎恒定，电压与电流的上升速率及下降速率并非独立参数，这虽然给试验设计带来一定的灵活度，但并不能覆盖所有的放电情况。MIL‑STD‑1541 的最新版本已不再使用此方法。

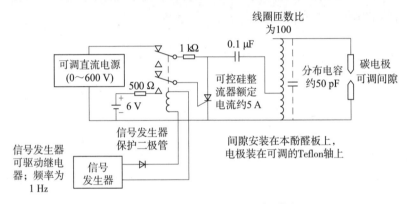

图 4‑1　MIL‑STD‑1541A 电弧源

表 4‑3　放电间隙与击穿电压典型值

间隙/mm	V_b/kV	近似耗散能量/μJ
1	1.5	56.5
2.5	3.5	305
5	6	900
7.5	9	2 000

4.3.1.2　平板电容器

绝缘体与覆盖在其表面的铝箔构成的平板电容，有可能出现在航天器的多个区域，例如：隔热毯、标定靶、绝缘涂层等，这些都可以用平板电容器来模拟。这样做的主要价值在于，能够通过大面积放电来模拟电流的物理路径，这对于所考虑区域附近存在电缆或者电路的情况很有意义。另外，更大尺寸的电容器极板可以充当天线，能产生相当强的辐射场。

表4-2中给出了一个平板电容器的例子，多个参数均能改变，其中主要是电介质板的厚度及面积，这两项参数均会影响电容、放电电流及能量的大小。平板电容器的放电电压可以通过极板边缘经过击穿校准的针尖放电间隙来控制，间隙也会影响放电能量。利用这种方式，可以通过调整多个参数来模拟更接近空间预想的放电情形。

该方法的难点如下：

1）试验中所使用的电容器，通常并不能像其所模拟的区域那样靠近内部电缆（例如，它不能近距离放在和涂层厚度相当的地方）。

2）试验中所使用电容器的电容值，可能小于其所模拟区域的电容值。为避免电容器发生不可控制的电介质击穿，电介质厚度也许会大于所模拟区域的厚度，这样电容势必会减小，虽然可以通过增大电容器面积来进行补偿，但这会使得尺寸和形状将更加背离真实情况。

4.3.1.3　集总元件电容器

集总元件电容器（现货供应电容器产品）可克服平板电容器的一些缺点，在更小面积上提供较大的电容，它可以在平板电容器单独使用无法满足要求时作为补充。但它也有如下不足之处：

1）一般不具备ESD试验所需的较高击穿电压（高于5 kV）；

2）部分电容器内阻较大，无法为模拟ESD事件提供所需的快速上升时间与峰值电流。

通常，集总元件电容器放电源大多应用在较低电压场合，例如，模拟喷涂或阳极氧化表面的击穿电压，并且和平板电容器联合使用。

4.3.1.4 其他放电源

Wilkenfeld 等人在参考文献［5］中，描述了其他几种类似的 ESD 模拟器，该文献对获取更多的 ESD 试验相关信息很有价值。

4.3.1.5 开关

有多种开关可用于触发电弧放电。低电压情况下，可以使用半导体开关。MIL‐STD‐1541A 电弧源在装置的变压器初级线圈上采用可控硅整流器（SCR）触发放电，此时变压器次级线圈上的放电气隙就会产生高压。低电压时也可使用机械开关（例如，使较低电压下的电容器发生放电），但机械开关的问题是在导通的前几毫秒内会有合闸弹跳。水银开关能一定程度地减轻这个问题。

对于空气中高电压的情况，可利用两个尖端电极组成的间隙来作为放电开关。将两个电极的尖端正对，一定放电电压下按 1 mm/kV 来调整间隔距离。间隔在试验前就应经过调整和测试，确保在预期电压下的确会击穿放电。对于某些试验中要求改变放电幅度，建议另外并联一个放电间隙作为安全措施，此安全间隙必须设置为在最大容许电压下仍能保证安全。试验中，用于开关的间隙可任意在零至最大预期电压范围内进行调整而不必担心意外的过量试验，通过对电容器充电（或触发放电线圈），使间隙在适当的电压下产生放电。

电弧放电源的供电电源应与放电部分充分隔离，以使放电只是瞬态脉冲而非持续性放电。合适的试验频率为每秒一次，为此，应选择适当的电容和隔离电阻使时间常数为 0.5 s 左右，并使高压电源输出电压略高于预期放电电压。对于有固定放电电压要求的试验，可以使用击穿电压固定的气体放电管，与空气中针尖放电相比，它的优势在于有更快的上升时间和重复性更好的放电电压。与一组小的针尖气隙放电设备相比，气体放电管的尺寸（5~7 cm 甚至更长）会使其产生更多的射频辐射。

另一种气体放电管为可触发气体放电管。它能被电触发，与栅极控制晶闸管的导通原理类似。这种方法因为有触发电路而增加了复杂性。另外，触发电路需要采取适当隔离，以避免使放电电流分流。

4.3.2　ESD 试验方法

ESD 的能量范围很大，通常为 mJ 量级，最大可达 J 量级。试验方法包括间接（辐射）和直接（直接对某零部件放电）两种。通常，试验应该尽可能真实地模拟空间预期遭遇的 ESD。这里给出了几种典型的方法。

4.3.2.1　辐射场试验

在空气中将放电装置放在离被试部件一定距离的地方。此方法可检验放电脉冲通过天线耦合对通信系统或监测接收机的射频干扰，以及测量等离子体或自然无线电波科学仪器的敏感性。图 4-2 为典型的 RF 辐射谱。

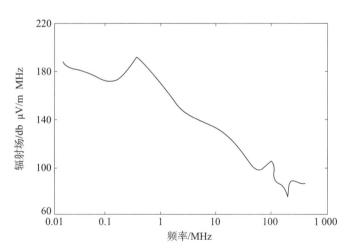

图 4-2　MIL-STD-1541A 电弧源的典型 RF 辐射场

4.3.2.2　单点放电试验

直接对航天器表面，或者临时保护用金属织物放电，能够模拟放电及电弧电流的局部流动。由于并非远离而是直接靠近航天器进行试验，此方法比辐射场试验更为严苛。这种试验只模拟局部放电电流，不能模拟航天器整体结构的吹离放电导致的电流。

4.3.2.3 结构电流试验

结构电流试验的目的，是模拟航天器表面的电荷吹离。如果发生表面充电而产生 ESD，放电火花会使材料气化，并带走一部分电荷，导致局部电荷的不平衡，此时航天器上的剩余电荷会自发地重新分布，从而产生结构电流。

确定实际的吹离电流及其路径非常困难。然而，结合 4.2 节的内容及表 4-1 分析给出的试验电流及位置，可以进行结构电流试验来判定航天器的敏感性。通常，试验可采用如下的一种或多种电流路径（图 4-3）：

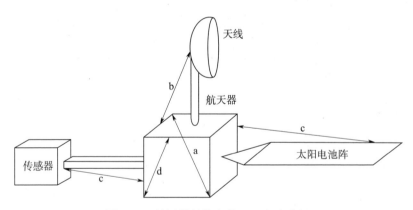

图 4-3　航天器结构中的 ESD 电流路径

　　a—航天器两端相对的位置（穿过整个航天器）；

　　b—突起（从着陆支架至顶部，从天线至主体，从推进器喷口至主体的另一面）；

　　c—伸展机构、悬臂（从传感器的悬臂末端至航天器框架，太阳帆板末端至航天器框架）；

　　d—从发射安装点至航天器另一面

电流路径"a"和"d"具有一般性,而"b"和"c"在电流路径某一末端模拟可能的电弧放电位置。试验点包括工作时会触发初始放电的推进器、着陆支架以及一些附着点,尤其在对接机动中,可能会因为航天器交会触发放电。"c"对于试验非常有用。太阳帆板一般有非导电的玻璃盖片,传感器会有非导电的光学器件,都可能会引发电弧放电。这两种情形下,所有的吹离电荷会被支撑悬臂结构中的电流所补充,进而可能会耦合至悬臂的电缆中,而靠近放电电流的信号线或电源线一般是航天器中最长的,因此这种现象也许是航天器可能会发生的最坏情况。

4.3.2.4　单机试验

4.3.2.4.1　概述

单机 ESD 试验与标准的环境试验目的相同,即在设计还容易被更改的阶段鉴别出设计缺陷。然而,试验难以提供真实航天器单机所处的环境条件。

在单机试验中,可以给所有单机指定某一种 ESD 试验要求,或者分别给出几类不同的试验要求。以下是可作为参考的试验分类:

1) 内部单机,通过 MIL‑STD‑1541A 电弧源试验(对单机放电,但电弧电流不穿过单机框架),确保不会受到损坏或干扰。

2) 固定在法拉第笼外的外部单机(通常是外部传感器),用 MIL‑STD‑1541A 电弧源在 5kV 下对其放电,且使放电电流从某一角流向对角(四对位置),而不会出现问题。

3) 对于靠近已知 ESD 源(例如,太阳电池盖片和 Kapton® 隔热毯)的单机,放电电压及其他参数必须与已知的电介质表面放电预估值接近。对于太阳电池,放电注入位置应选择在电池边缘,而不是互连或旁路二极管,这点非常重要,因为太阳能电池损坏的起因通常是电池边缘的电流密度过大而非穿过电池内部的电流。

4.3.2.4.2　单机试验设置

单机(分系统)ESD 试验的设置与标准 EMC 辐射敏感度试验一

致。被试单机放置并连接在试验台的接地铜板上，通过电缆与相邻房间的支持设备相连。单机及其电缆均应与在轨状态一致，包含屏蔽和接入端口等等。所有多余的电缆都应移除。

4.3.2.4.3 单机试验工作模式

被测试的单机，应在所有可能被 ESD 干扰的模式下工作，还应使其处于最敏感的工作条件下（放大器处于最大增益、接收器输入微弱信号），以便最大可能地在放电中观测其受到的干扰。通过试验确保单机在放电条件下可执行模式切换指令。

4.3.2.5　整星试验

系统级试验可为航天器在充电环境中的预期性能提供最可靠的判定。航天器正样在接受试验前，应先对初样航天器进行试验，以保证正样的各单机不致意外承受超过其限度的试验强度。必须制定详细的试验计划，规定试验流程、所使用的仪器、试验的等级，并研究相关试验参数。试验技术可能涉及到航天器结构体电流。试验可在大气环境下进行，但建议在能抑制电磁干扰的屏蔽室内进行。MIL-STD-1541A 规定的系统试验与辐射 EMI 试验被认为是最基本的试验。

航天器应与地面隔离。对放电试验环境中使用的测试仪器应仔细挑选，且必须进行电磁屏蔽，以免仪器响应与航天器响应混淆。航天器和测试仪器都应使用电池供电。整个航天器的遥测参数都要被监测。电压探头、电流探头、电场和磁场监测器，及其他传感器都应被安装在关键位置。传感器数据应使用光纤传输以获得最佳效果。示波器与其他监测仪器应能够分辨放电的快速响应（通常小于250 MHz）。

试验等级应通过对亚暴环境中放电行为的分析来确定。一般建议对结构、工程或鉴定样机采用包含余量的高等级试验，而对航天器正样采用较低等级的试验。试验中测量的关键系统响应数据（例如：结构电流、瞬态脉冲、扰动）可用于评估在轨风险。

4.3.2.5.1 概述

整星试验的方法与单机试验大体相同。以下为典型的试验方法（见图 4 – 3）：

1）在航天器整体周围进行 MIL – STD – 1541A 辐射试验；

2）MIL – STD – 1541A 电弧源放电电流从运载火箭安装点穿过航天器结构至对角；

3）ESD 电流经过布有电缆的悬臂（如传感器或电源的悬臂），监测进入电缆的噪音以及对电路的干扰；

4）针对特殊情况的特殊试验，例如，石英二次表面镜、Kapton®隔热毯和光学观察窗等电介质区域，应根据它们的 ESD 预估特性进行试验。

图 4 – 4 给出了一个系统级 ESD 电流注入试验的例子。MIL – STD –

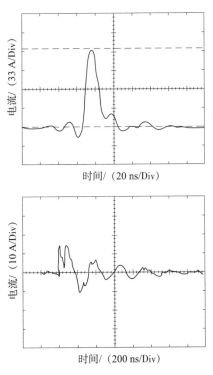

图 4 – 4 系统级 ESD 试验波形示例

1541A ESD 波形发生器的输出通过短引线直接测量。峰值电流约为 66 A，上升时间约为 5.2 ns，时基为 20 ns/Div。这些波形是在系统级试验时测量的。电流通过 9 m 长的连接线（两段 4.5 m 长）从 MIL - STD - 1541A 放电源流向航天器顶部，并和航天器主体上的太阳电池阵驱动机构形成电流回路。由于长引线中的电感，上升时间增加至 40 ns，此时峰值电流为 15 A，时基为 200 ns/Div。

4.3.2.5.2　整星试验设置

整星 ESD 试验的设置，在理想情况下应 100% 模拟航天器的飞行情况。但因以下原因，存有难度：

1）航天器的 ESD 诊断；

2）欠真实的电源系统（无太阳电池阵）；

3）地面试验中航天器与设备地相连；

4）试验时完整装配航天器，以及一旦出现故障或异常时拆卸航天器所耗费的成本与时间；

5）航天器在试验夹具上与地面之间可能存在大的对地电容；

6）ESD 耦合至非飞行用的试验电缆上；

7）航天器会受到直接或潜在损坏的顾虑。

4.3.2.5.3　试验诊断

为了获取比遥测数据更多的电路响应信息，通常可以采用示波器测量关键电路中 ESD 试验所致的感应电压。但若应用不当，接入电路以及穿出航天器接至测试仪器（如示波器）的导线会充当天线而带来额外的噪音。

目前，有两种比较好的测试方式可供采用。第一种方式是谨慎地使用传统示波器探头。可以从 Tektronix 公司购买 3 m 长的示波器探头，再针对被监测电路制作 T 型三通接头，利用该接头将两个示波器探头分别连接至电路的正线和回线，探头端部在离 T 型接头最近的位置与卫星结构地相连，且接地点与探头端部小于 15 cm。信号通过示波器差分输入进行测量。安装前，探头与示波器前置放大器应经过电容补偿，并检测证明具有足够的共模电压抑制性能。两个探头的引线沿着航天器内部金属结构绞合在一起，直到从航天器外壳引出。之后继续沿着主体结构（仍在隔热毯下方）布线，直至尽可能远离 ESD 的位置，最终接入示波器。示波器通过隔离变压器与建筑物接地隔离。显然，这种方式只能对部分电路有效监测[3]。

监测内部电路 ESD 感应电压的第二种方法，是使用电池供电的、能够将电压转换成 LED 信号的装置，LED 信号再通过光纤传输至能重建电压信号的外部接收装置。和示波器探头一样，监测装置必须在尽可能降低干扰的条件下与被测电路相连。光纤电缆在航天器外的布线同样应使干扰最小。这种方式的不足之处在于信号发送装置必须由电池供电和开启，并在航天器组装前安装，而且在整个试验期间持续工作。对电池的依赖，以及 LED 接口电路相对而言的高能耗，使这种方法严重受限。

另一种获取电路响应信息的方法，是在关键电路位置使用峰值保持电路，安装方式同上文所述。这种方法并不那么有效，因为获取的数据信息仅能表明某一峰值电压产生，而无法证明是 ESD 试验所致，也不能将此峰值电压与试验序列的任意一项相关联。对于分析而言，这些信息没有价值。

4.3.2.5.4　外部（非飞行用）电源的使用

使用太阳电池阵或核能供电的航天器，在地面试验时通常需要通过支持设备来供电，所以并不能完全与地面隔离。这种情况下，最好的方法是使用隔离的稳定输出电源，并将其与航天器连接的电缆保持在地面上方一定高度，以避免对地杂散电容的影响。电源线应加以屏蔽以防止 ESD 辐射噪声进入，且屏蔽只能在电缆靠近支持设备的一端接地。

4.3.2.5.5　设备接地

为模拟飞行状态，航天器应与地面隔离。普通的试验要求设备良好接地，而对于 ESD 试验，则需要用 $0.2\sim2$ MΩ 或以上的临时接地，使航天器有效隔离。通常，在持续时间有限的特殊试验环境下，$0.2\sim2$ MΩ 的接地是足够的，且满足 ESD 试验的安全性和质量保证要求。

4.3.2.5.6　装配与拆卸航天器的经济与时间成本

通常的试验，往往希望过程尽可能紧凑，力图在同一时间内交错进行，或者并行完成不同任务。然而这种做法与 ESD 试验要求不符，应避免如此。热真空试验与 ESD 试验的配置类似，但它有许多穿越航天器内外的热电偶引线（非飞行用）。这些引线能充当天线，将 ESD 造成的噪声传入本不会进入的卫星电路系统。振动台试验因为配置有加速度计也会有同样的问题。

4.3.2.5.7　试验中航天器的对地电容

ESD 试验中的对地杂散电容，会改变 ESD 电流的流动。为了更好地进行试验，航天器应与设备地做物理隔离。可以证明，将直径 1.5 m 的球形卫星抬高至试验台上方 0.5 m 处，可以使杂散电容减少到与卫星悬浮于自由空间中相当的程度。绝缘的支撑结构（如木头）可以为 ESD 试验提供必要的隔离。

4.3.2.5.8　ESD 耦合至非飞行的试验电缆

减少 ESD 与航天器非飞行的试验电线间耦合的方法之一，是对所有这些电线使用铁氧体磁环。更现实的方法是避免出现任何非飞行电缆，但这样只能获得飞行中的可见信息，是以损失更多诊断信息为代价的。

参 考 文 献

[1] C. K. Purvis, H. B. Garrett, A. C. Whittlesey, and N. J. Stevens, Design
     Guidelines for Assessing and Controlling Spacecraft Charging Effects, NASA
     Technical Paper 2361, National Aeronautics and Space Administration,
     September 1984.

[2] P. L. Leung, G. H. Plamp, and P. A. Robinson, Jr. , "Galileo Internal
     Electrostatic Discharge Program," Spacecraft Environmental Interactions
     Technology 1983, October 4 – 6, Colorado Springs, Colorado, NASA CP –
     2359/AFGL – TR – 85 – 0018, National Aeronautics and Space Administration,
     pp. 423 – 435, 1983.

[3] A. C. Whittlesey, "Voyager Electrostatic Discharge Protection Program,"
     presented at IEEE International Symposium on EMC, Atlanta, Georgia, pp.
     377 – 383, 1978.

[4] Electromagnetic Compatibility Requirements for Space Systems, MIL – STD –
     1541A (USAF), United States Air Force, 42 pages, December 30, 1987.

[5] J. M. Wilkenfeld, B. L. Harlacher, and D. Mathews, Development of
     Electrical Test Procedures for Qualification of Spacecraft against EID, Vol. II,
     Review and Specification of Test Features, NASA CR – 165590, National
     Aeronautics and Space Administration, April 1982.

第 5 章 控制及监测技术

5.1 航天器电荷主动控制

控制航天器电位的方法之一，是使用电荷控制设备。已经研发出的和正在研发中的不同种类的带电粒子主动发射器，有望在空间等离子体环境下控制航天器的电位。当前，仅有中性等离子体设备（包含离子和电子发射器）被证明在地磁亚暴环境下能够控制航天器电位。这些设备有时被建议用于电荷控制目的[1,2]，等离子体接触器是目前使用最广泛的电荷控制设备。

主动发射的粒子会使航天器的电流平衡等式多出一个附加项。由于地球同步轨道高度的环境电流密度非常小，从航天器上发射出少量电荷即可以显著影响其电位，这已经在 ATS-5、ATS-6、SCATHA，以及其他航天器上得到了证实。然而，只发射带有单一电荷粒子（例如：电子）的设备，不适合应用在主动电位控制的场合，除非航天器所有表面都是导通的。使用这种设备，会导致航天器电位的急剧变化，使绝缘表面发生不等量带电，并在发射器周围形成势垒，抑制能量较低的带电粒子的发射。能量较高的带电粒子仍可发射，但它们会导致更大的不等量带电。相反，发射中性等离子体或中性化粒子束的设备（例如，空心阴极等离子源或离子发动机），可以起到保持航天器电位与附近等离子体环境地接近的作用，并抑制不等量带电。这类设备如果用于航天器充电控制，在可靠性和复杂性方面也是可以接受的。

5.2 环境及效应监测

空间环境引起的航天器放电事件，通常都很难验证。当一个异常发生时，常常是仅能够获得"发生时间"这条唯一的信息。由于大部分航天器没有安装环境效应监测设备，当异常发生时，只能通过地面观测数据来推断此时航天器遭遇的环境状态，而这些数据不一定能够很好地代表航天器当时所处位置的环境，事实上，两者的关联度非常低。

如果航天器搭载了环境监测设备，问题就可以得到有效解决（例如，参考文献［3］中提到的，用于测量典型能量和通量的一套简单探测器）。这样，就可以建立起充电环境与电子系统瞬态扰动之间的对应关系。这类监测设备的典型重量在 1 kg 左右，功耗大约 2 ~ 3 W。一个已经商业化的例子是 Amptek 公司生产的 CEASE（Compact Environmental Anomaly Sensor）紧凑型探测器，该探测器在一台设备上集成了总剂量、剂量率、表面电介质充电、深层电介质充电，以及单粒子效应的探测功能（http://www.amptek.com/pdf/cease.pdf）。这些空间环境探测器通常安装在航天器外面，并适当屏蔽。还有更先进的探测器，可以详细地测量空间环境以用于科学研究。例如，探测范围在 10 ~ 50 keV 区间的离子探测器，可用于分析地磁亚暴；可测量脉冲特性的瞬态探测器也曾被使用[4]。这类系统需要更大的重量和功耗，但它们可以提供更好的数据。

航天器充电效应监测仪器需要在轨对原始数据进行分析，以得到想要的结果。如果将它们安装在一定数量的卫星上面，地面技术团队就可以获得充电引起瞬态干扰的统计数据。另一方面，卫星运行控制人员可以据此判断何时需要关注充电问题，并采取必要的操作以使效应的危害降至最低，同时，也可以区分出是由于系统问题还是环境效应导致的故障。建议在所有的地球同步轨道航天器上安装集成的环境效应监测仪器，至少应包含剂量探测器、高能等离子体探测器、表面电位探测器和瞬时电压脉冲探测器，也可考虑包含一个 IESD 探测器（不同种类的 IESD 探测器目前正在研发中）。

参 考 文 献

[1] C. K. Purvis and R. O. Bartlett, "Active Control of Spacecraft Charging," Space Systems and Their Interactions with the Earth's Space Environment, H. B. Garrett and C. P. Pike, Eds. : AIAA Press, New York, New York, pp. 299 – 317, 1980.

[2] R. C. Olsen and E. C. Whipple, Active Experiments in Modifying Spacecraft Potential: Results from ATS – 5 and ATS – 6, May 1977 – February 1979, NASA CR – 159993, National Aeronautics and Space administration (produced by University of California, San Diego, La Jolla, California), March 1979.

[3] J. C. Sturman, Development and Design of Three Monitoring Instruments for Spacecraft Charging, NASA – TP – 1800, National Aeronautics and Space Administration, September 1981.

[4] H. C. Koons, "Aspect Dependence and Frequency Spectrum of Electrical Discharges on the P78 – 2 (SCATHA) Satellite," Spacecraft Charging Technology – 1980, NASA CP – 2182/AFGL – TR81 – 0270, National Aeronautics and Space Administration, pp. 478 – 492, 1981.

第6章 材料列表及说明

本章给出了航天器常用材料的电阻率、密度和绝缘强度等参数，以便于 ESD 分析。这些材料数据在进行辐射电子输运分析、电荷累积分析，及击穿评估时经常会被用到。这里列出的数据总体上是正确的，但读者在每次具体分析之前，最好能够再确认一下相关参数，特别是电阻率和绝缘强度。

6.1 电介质材料列表

表 6-1 列出了部分电介质材料的基本特性，用于说明相关情况，仅供读者参考。数据来源为参考文献 [1, 2] 等，其中包括生产厂商的说明手册。某些数据没有准确值，只能指定其上限或下限；某些材料的真实电阻值可能跨几个数量级（例如，FR4）。注意，绝缘强度通常被看作是厚度的函数，列表中给出的绝缘强度值是在指定厚度下测得，其他厚度下的绝缘强度可以通过对厚度平方根的倒数进行外推粗略求得。每次工程任务，都应根据最新的、最相关的数据，编辑其专用的材料列表。在参考文献 [3] 中，给出了一些本文未包含的材料介电参数列表。本文的材料列表中，未反映温度、辐射诱发导电率、电场诱发导电率等一些已证明可对材料参数产生显著影响的因素。

表 6-1　用于内部充电研究的电介质材料特征参数[1]

参数　　材料	相对介电常数[2]	绝缘强度[3]/（V/mil @ mils）	直流体电阻率/（Ω·cm）[4]	密度/（g/cm³）/相对于铝密度的系数	时间常数[5]
陶瓷（Al_2O_3）	8.8	340 @ 125	$>10^{12}$	2.2/0.81	>0.78 s
Delrin	3.5	380 @ 125	10^{15}	1.42/0.52	310 s（5.2 min）
FR4	4.7	420 @ 62	$>4 \times 10^{14}$	1.78/0.66	>141 s

续表

参数＼材料	相对介电常数[2]	绝缘强度[3]/（V/mil @ mils）	直流体电阻率/（Ω·cm）[4]	密度/（g/cm³）/相对于铝密度的系数	时间常数[5]
Kapton	3.4	7000 @ 1	约 $10^{18} \sim 10^{19}$	1.4/0.51	3.5 d
Kapton	—	580 @ 125	约 $10^{18} \sim 10^{19}$	1.4/0.51	3.5 d
Mylar[®]	3	7 000 @ 1	10^{18}	1.4/0.51	3.1 d
聚苯乙烯	2.5	5 000 @ 1	10^{16}	1.05/0.39	37 min
石英（熔凝）	3.78	410 @ 250	$>10^{19}$	>2.6	>38 d
Teflon[®]（generic）[6]	2.1	2～5k @ 1	约 $10^{18} \sim 10^{19}$	2.1/0.78	2.1 d
	—	500 @ 125	约 $10^{18} \sim 10^{19}$	2.1/0.78	2.1 d

注：

①表格中的数据均为室温数据，在低温情况下，电阻率会变大，时间常数也会增大；

② 介电常数 = 相对介电常数× 8.85×10^{-12} F/m；

③508 V/mil = 2×10^{7} V/m；

④电阻率（Ω·m） = 电阻率（Ω·cm）/100；

⑤时间常数（s） = 介电常数（F/m）× 电阻率（Ω·m）；

⑥聚四氟乙烯［（PTFE）（Teflon[®]）］和氟化乙丙烯（Teflon[®] FEP）两种材料。

　　图 6-1 显示了如何根据由电阻率和介电常数确定的时间常数，来判断材料的 ESD 风险。图中划分了安全、危险和中间三个区域。若材料处于安全区域，表明难以积累电荷，其时间常数小于 3 h；危险区域

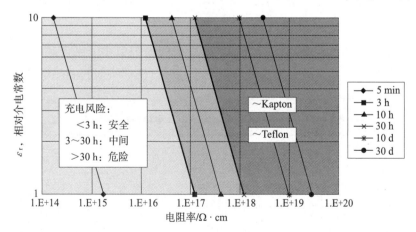

图 6-1　基于电介质材料时间常数划定的内部充电安全、中间和危险区域

表明高电阻率，容易在空间等离子体环境中发生 ESD 事件，其时间常数大于 30 h；中间区域是在两者之间的不确定性区域。图中 Kapton® 和 Teflon® 方块，给出的是这两种材料参数值的可能范围，由此可见，从 ESD 防护的角度出发，这两种材料都是不建议使用的。

6.2　导电材料列表

表 6-2 为一些导体的电阻率和密度信息，参考文献与表 6-1 相同。表 6-2 仅是示例性地给出了部分导体的特征参数，供读者参考。

表 6-2　用于内部充电研究的导体参数（近似）[①]

材料 \ 参数	直流体电阻率[②]/ $\Omega \cdot cm$ （$\times 10^{-6}$）	直流体电阻率 （相对于铝）	密度/ （g/cm^3）	密度 （相对于铝）
铝	2.62	1	2.7	1
铝蜂窝			~0.049	~0.02
黄铜（70-30）	3.9	1.49	8.5	3.15
石墨	5~30	1.9~11.45	1.3~1.95	0.48~0.72
铜	1.8	0.69	8.9	3.3
环氧石墨			1.5	0.56
金	2.44	0.93	19.3	7.15
殷钢	81	30.9	8.1	3
铁-钢	9~90	3.43~34.3	7.87	2.91
铅	98	37.4	11.34	4.2
Kovar A	284	108.4	~7.8	~2.89
镍	7.8	2.98	8.9	3.3
镁	4.46	1.7	1.74	0.64
银	1.6	0.61	10.5	3.89
不锈钢	90	34.35	7.7	2.85
钽	13.9	5.3	16.6	6.15
钛	48	18.3	4.51	1.67
钨	5.6	2.14	18.8	6.96

注：

①更详细和精确的数据见参考文献，通常各文献给出的密度都是一致的，但电阻率可能有较大的差别；

②电阻率（$\Omega \cdot m$）= 电阻率（$\Omega \cdot cm$）/100。

参 考 文 献

[1] H. P. Westman, ed. , Reference Data for Radio Engineers, Fifth Edition, Howard Sams & Co. , Inc. , Indianapolis, Indiana, 1968.

[2] W. T. Shugg, Handbook of Electrical and Electronic Insulating Materials, Second Edition, IEEE Press, Piscataway, New Jersey, June 19, 1995.

[3] A. R. Frederickson, D. B. Cotts, J. A. Wall, and F. L. Bouquet, Spacecraft Dielectric Material Properties and Spacecraft Charging, AIAA Progress in Astronautics and Aeronautics, Vol. 107. Washington, D. C. : American Institute of Aeronautics and Astronautics Press, New York, New York, 1986.

附录 A 术语表

A.1 常数和单位

A	安培（电流单位）
AU	天文单位（日地距离，约 150 000 000 km）
C	库仑
cm	厘米
dB	分贝
d	天
e/cm^2	每平方厘米的电子数
eV	电子伏特
F	法拉（电容单位）
ft	英尺
GHz	吉赫兹（10^9 Hz）
g	克
h, hr	小时
Hz	赫兹，频率单位（每秒一个周期）
in	英寸
J	焦耳（能量单位）
K	开尔文
kÅ	千埃
kg	千克
keV	千电子伏特（10^3 eV）
km	千米
kΩ	千欧（10^3 Ω）

续表

kV	千伏（10^3 V）
m	米，毫
m	质量
M	兆，百万
mA	毫安（10^{-3} A）
min	分钟
mJ	毫焦（10^{-3} J）
MeV	兆电子伏特
mho	电导率单位，电阻率 Ω 的倒数，即西门子（S）
MHz	兆赫兹（频率，1 兆赫兹 = 10^6 Hz）
mil	密尔（0.001 英寸，0.0254 毫米） 　　注：虽然密尔不是国际度量单位，但它是常用于描述材料厚度的标准度量单位
mm	毫米
$m\Omega$	毫欧（10^{-3} Ω）
$M\Omega$	兆欧（10^6 Ω）
mV	毫伏
N/S	北/南
nA	纳安（10^{-9} A）
nC	纳库（10^{-9} C）
nF	纳法（10^{-9} F）
nm	纳米（10^{-9} m）
ns	纳秒（10^{-9} s）
nT	纳特（10^{-9} tesla），磁场强度单位
ohm（Ω）	欧姆，电阻单位
pA	皮安（10^{-12} A）
pF	皮法（10^{-12} F）

续表

q, Q	电荷，电量
R	电阻（欧姆，符号 Ω）
R_e	地球半径（$1R_e \approx 6\ 378.136$ km）
R_j	木星半径（$1R_j \approx 7.149\ 2\times10^4$ km）
R_s	土星半径（$1R_s \approx 6.026\ 8\times10^4$ km）
s/d	一天的总秒数（86 400）
s/h	一小时的总秒数（3 600）
s	秒
Sr	立体弧度
μC	微库（10^{-6} C）
μF	微法（10^{-6} F）
μJ	微焦（10^{-6} J）
μm	微米（10^{-6} m）
μs	微秒（10^{-6} s）
μW	微瓦（10^{-6} W）
V	伏特
V	电压
W	瓦特
yr	年

A.2 缩略词

1-D	一维
2-D	二维
3-D	三维
ACE	先进成分探测器
AC, ac	交流电
ACR	异常宇宙射线
ADEOS-Ⅱ	先进地球观测卫星二号，日本卫星（802.92 km，98.62°，101 min） 2002.12－2003.10

续表

AE8	电子辐射带模型
AF	美国空军
AFB	美国空军基地
AFGL	美国空军地球物理实验室
AFRL	美国空军研究实验室
AIAA	美国航空航天学会
ALT	高度
AP8	质子辐射带模型
ASTAR	用于计算质子、电子和氦离子的阻止本领、射程和相关量的网络数据库
ASTM	美国材料与试验协会
ATS	应用技术卫星（ATS-5 和 ATS-6）
BS	背散射
CEASE	紧凑型空间环境异常探测器
CME	日冕物质抛射
CMOS	互补金属氧化物半导体
CNES	法国国家空间研究中心
CPA	充电粒子分析仪
CPE	充电等离子体环境
CPH	光电子电流
CREME96	微电子学的宇宙线辐射效应 1996（环境计算程序）
CRRES	释放和辐射综合效应卫星
CRRESELE	基于 CRRES 卫星数据电子能谱程序
CRRESPRO	基于 CRRES 卫星数据质子能谱程序
CRRESRAD	基于 CRRES 卫星数据剂量-深度程序
CTS	通信技术卫星
DC, dc	直流（频率为零）
DDD	位移损伤剂量
DERA	英国国防评估与研究局

续表

DESP	法国空间环境部
DICTAT	DERA 的内部充电风险分析程序
div	除以
DMSP	国防气象卫星计划（800 km；99°，110 min）
DoD	美国国防部
DS-1	深空一号探测器
DynaPAC	动态等离子体分析程序
E	东向
ECSS	欧洲空间标准化组织
e. g.	例如
EGS4	电子-伽玛光子簇射蒙特卡罗程序
EMC	电磁兼容
EMI	电磁干扰
EMP	电磁脉冲
ESA	欧洲空间局
ESD	静电放电
ESTAR	用于计算质子、电子和氦离子的阻止本领、射程和相关量的网络数据库
etc.	等等
EURECA	欧洲可回收载具
EVA	舱外活动
EUV	极紫外线
EWB	环境工作台
FEP	氟化乙烯丙烯（FEP；Teflon®）
FLUMIC	内部充电电子通量模型
FR4	常用的电路印制板材料
GaAs	砷化镓
Galileo	欧洲导航卫星计划；高度 23 222 km，56°倾角

续表

Galileo	NASA 发射到木星的一个航天器，1989 年 10 月 18 日登陆，2003 年 9 月 21 日中止服役
GCR	银河宇宙线
Geant4	欧洲核子中心开发的粒子输运程序，与美国的 MCNPX 相似
GEO	地球同步轨道（高度大约 35 786 km，周期 24 h）
GEOSTA	地球静止轨道
Giove A, B	欧洲伽利略导航试验卫星，分别于 2005 年 12 月 28 日和 2008 年 4 月 27 日发射进入 MEO 轨道
GIRE	伽利略电子辐射环境过渡模型
GOES	地球同步轨道环境探测卫星
GPS	全球定位卫星（星座，高度 20 100 km，倾角 55°，周期 718 min）
GRC	格伦研究中心（原刘易斯研究中心，LeRC）
GSE	地面辅助设备（或辅助设备）
GSFC	戈达德空间飞行中心
GUI	图形用户界面
H$^+$	氢离子
HBM	人体模型
HDBK	手册
HEO	大椭圆轨道
IC	集成电路
IDM	内部放电探测器（曾在 CRRES 卫星上搭载）
i. e.	即是
IEEE	国际电气与电子工程师学会
IESD	内部静电放电
INTELSAT	国际通信卫星组织
IR	红外线

续表

ISO	国际标准化组织
ISPICE	瞬态电路分析程序，SPICE 首个商业版
ISS	国际空间站（高度约 390 km（变化），倾角 51.6°，周期 92 min）
ISTP	国际日地物理学
ITAR	国际武器贸易条例（限制一些敏感信息获取）
ITO	铟锡氧化物
ITS	TIGER 系列集成
I/V	电流/电压
JAXA	日本宇宙航空研究开发机构
JPL	喷气推进实验室
L1~L5	拉格朗日点，多体问题中的平衡点
LANL	洛斯·阿拉莫斯国家实验室
LAT	纬度
LED	发光二极管
LEM	集总元件模型
LEO	低地球轨道（轨道高度范围大致为 200~2 000 km）
LET	线性能量传输
LeRC	刘易斯研究中心（现格伦研究中心）
LNA	低噪声放大器
MCNP	蒙特卡罗粒子输运程序
MCNPE	MCNP 的修改版，包括电子输运项
MCNPX	MCNP 扩展程序
MEO	地球中高轨道（轨道高度范围大致为 2 000~25 000 km）
MIL	军事
MLI	多层绝缘（隔热毯）
Molniya	莫尼亚轨道（远地点约 39 300 km，近地点 538 km，轨道周期11.8 h，倾角约 63.2°）
MPA	磁层等离子体分析仪

续表

MSFC	马歇尔空间飞行中心
MUSCAT	多功能航天器充电分析工具
N/S	北/南
NASA	美国国家航空航天局
NASCAP	NASA 充电分析程序（早期的通用版本）
NASCAP/GEO	NASA GEO 航天器充电分析程序（已被 Nascap-2k 取代）
NASCAP/LEO	NASA LEO 航天器充电分析程序
Nascap-2k	NASCAP 的最新版本（截至 2011 年）
NGST	Northrop-Grumman 空间技术公司
NOAA	美国国家海洋和大气管理局
NOVICE	带电粒子辐射输运程序
NSSDC	美国国家空间科学数据中心
NUMIT	电介质充电分析程序
ONERA	法国国家航天研究中心
OSR	太阳光学反射器
p	质子
PEO	地球极轨道（倾角不低于 80°，高度 700~1 000 km，周期约 100 min）
PET	质子/电子望远镜
photo	光子
PIC	质点网格法
PIX，PIX-II	等离子体相互作用实验
POES	极轨环境卫星（倾角不低于 80°，高度 700 至 1000 km）
POLAR	极区大型物体电位（NASCAP 模型）
PSTAR	用于计算电子、质子和氦离子的阻止本领、射程和相关量的网络数据库
PTFE	聚四氟乙烯（Teflon®）
QA	质量保证

续表

RC	电阻电容
RF	射频
RIC	辐射诱发电导率
RP	参考文献
RSICC	辐射屏蔽信息计算中心
RTV	室温硬化胶水
SAIC	科学应用国际公司
SAMPEX	太阳、异常、磁层粒子探测器
SAMPIE	太阳电池阵模块等离子体相互作用实验
SATRAD	土星辐射模型
SCATHA	高轨充电实验卫星（1979 – 1986，轨道高度 28 000 ~ 42 000 km，倾角 8.3°）
SCR	可控硅整流器
SCTC	空间通信技术中心
SE	支撑设备（非在轨硬件或地面支撑设备）
Sec	次级粒子发射
SEE	单粒子效应
SEE	NASA 的空间环境效应计划
SEMCAP	规范与电磁兼容计划
SEP	太阳高能粒子事件（或质子事件）
SEU	单粒子翻转效应
SHIELDOSE	带电粒子辐射输运程序
Si	硅
SI	国际单位制
SOHO	太阳日球层观测卫星
SOPA	同步轨道粒子分析仪
SPE	太阳质子事件

续表

SPENVIS	空间环境信息系统
SPICE	集成电路仿真程序，瞬态电路分析计算程序
SPINE	航天器与等离子体相互作用网站
SPIS	航天器与等离子体相互作用分析软件
sqrt	平方根
SSO	半同步轨道，轨道高度约 20 000 千米，周期 12 小时
STD	标准
TID	总电离剂量
TP	技术文件
TRACE	过渡区和日冕探测器
TRIM	辐射输运程序
TRW	TRW 股份有限公司（现在的 Northrop-Grumman 公司）
TSS－1R	TSS－1R 绳系卫星
UCSD	美国加州大学圣迭戈哥分校
USA	美国
USAF	美国空军
UV	紫外线
VDA	真空沉积铝
WDC	世界数据中心（隶属于 NOAA）
ZOT	锌酸盐漆

A.3 名词

Ap index	全球日平均地磁活动指数
Auroral Zone	极光区域，南北地磁纬度 60°~70°
Blow－off	吹离放电，ESD 放电的一种，材料表面电荷向空间释放的放电行为
Bonding	搭接

续表

Buried charging	电介质掩埋充电
Conductor	本文指用于泄放电荷或屏蔽及接地所用的导体材料。铜和铝是常用的导体材料
Dybe length	等离子体德拜长度，指电场衰减至 $1/e$ 的距离
Deep dielectric charging	深层电介质充电
Dielectric	电介质，本文中指体电阻率 $>10^{10}$ $\Omega \cdot cm$ 或表面电阻率 $>10^9$ Ω/sq 材料
ESD/static – conductive	本文指具有足够电导率使航天器充电效应影响可忽略。电阻率应位于绝缘体和导体之间，电阻率 $<10^7$ $\Omega \cdot cm$ 或表面电阻率 $<10^8$ Ω/sq
Faraday cage	一个完全封闭具有电磁屏蔽功能的金属容器
Floating	悬浮，指导体未接地
Geostationary	地球静止轨道，周期 24 h，因此从地面上看在天空中保持静止
Geosynchronous	地球同步轨道，指地球赤道面上的圆形轨道，轨道高度约 35 768 km，周期 24 h，因此从地面上看每天在同一时间经过天空中同一处地方
Ground	电路连接中的 0 V 电位参考点，通常指卫星框架
Insulator	绝缘体，指具有足够电阻可以引起电荷累积最终产生放电的材料，体电阻率 $>10^8$ $\Omega \cdot cm$ 或表面电阻率 $>10^9$ Ω/sq 材料
Internal charging	内部充电，高能电子引起的航天器内部电荷累积
Molnyia	莫尼亚轨道（远地点约 39 300 km，近地点 538 km，轨道周期 11.8 h，倾角约 63.2°）
ohm per square	表面电阻率单位
Referenced	参考接地点，不一定是零电位接地点，例如 +28 V 的电源线，但是不可为孤立导体，不能积聚电荷

续表

Spacecraft charging	航天器充电，指航天器表面和内部电荷的累积
Triple junction point	本文中指太阳电池阵列上电介质、导体和真空三者交界点，存在较强电场，可以引起 ESD
Victim	受害目标，指受到电弧放电或电场脉冲冲击的部件、单元或子系统

A.4　变量

C	电容
dE/E	能道宽度与该能道能量中点的比值
E	电场，能量
$H\text{-feild}$	磁场
i	微分通量（例如：$\text{ions/cm}^2 \cdot \text{s} \cdot \text{Sr} \cdot \text{keV}$）
I	积分通量（例如：$\text{electrons/cm}^2 \cdot \text{s} \cdot \text{Sr}$）
I	电流（A）
I_{pk}	峰值电流（A）
j	全向微分通量（例如：$\text{electrons/cm}^2 \cdot \text{s} \cdot \text{MeV}$）
J	全向积分通量（例如：$\text{electrons/cm}^2 \cdot \text{s}$）
J	电流密度（A/cm^2）
N_E	电子数密度
N_I	离子数密度
R	电阻（Ω）
R_E	等离子体环境中电子电阻
R_I	等离子体环境中离子电阻
T	温度
T_E	电子温度
T_I	离子温度
T_R	放电电流上升时间

续表

v	速度
V_b	击穿电压
V_C	特定区域的回旋速度
V_{SW}	太阳风群速度
V_{th}	太阳风热速度

A.5　符号

°	度
>	大于
<	小于
±	正负
e	电子（电荷 $= 1.6022 \times 10^{-19}$ C）
ε	介电常数
ε_0	真空介电常数（8.85×10^{-12} F/m）
ε_r	相对介电常数
H	磁场（或在自由空间中为 B）
l	长度
μ	微，10^{-6}
ρ	体电阻率
ρ_s	面电阻率
S	电导，电阻的倒数
σ	电导率
t	时间
Ω	电阻

附录 B 空间环境

B.1 空间环境介绍

本附录作为第 2 章的补充，更加详细地介绍了出现在第 2 章中的一些概念，供感兴趣的读者阅读。

B.1.1 空间环境的定量描述

相密度分布函数可以较准确地描述等离子体分布状态，其中最常用的方法是采用麦克斯韦-玻尔兹曼分布函数。该函数有利于电荷密度计算，通常是描述等离子体的首选方法。麦克斯韦-玻尔兹曼分布函数表述如下

$$F_i(v) = \left[n_i \left(\frac{m_i}{2\pi k T_i} \right)^{3/2} \right] \exp\left(\frac{-m_i v^2}{2k T_i} \right) \qquad (B-1)$$

式中　n_i——i 类粒子的数密度；

　　　m_i——i 类粒子的质量；

　　　k——玻尔兹曼常数；

　　　T_i——i 类粒子的特征温度；

　　　v——速度；

　　　F_i——i 类粒子的分布函数。

遗憾的是，空间环境中的等离子体很少具有麦克斯韦-玻尔兹曼分布性质。不过，对于实际的等离子体分布函数，可以定义粒子的分布函数矩，揭示分布函数的形状特性（无论等离子体是否具有麦克斯韦-玻尔兹曼分布特征）。在大多数情况下，这些特征矩可用来确定麦克斯韦-玻尔兹曼分布的大致情况。前四个特征矩表示如下

$$< ND_i > = 4\pi \int_0^\infty (v^0) F_i v^2 \mathrm{d}v \qquad (\text{B}-2)$$

$$< NF_i > = \int_0^\infty (v^1) F_i v^2 \mathrm{d}v \qquad (\text{B}-3)$$

$$< ED_i > = \frac{4\pi m_i}{2} \int_0^\infty (v^2) F_i v^2 \mathrm{d}v \qquad (\text{B}-4)$$

$$< EF_i > = \frac{m_i}{2} \int_0^\infty (v^3) F_i v^2 \mathrm{d}v \qquad (\text{B}-5)$$

式中　$<ND_i>$——i 类粒子的数密度；

　　　$<NF_i>$——i 类粒子的通量；

　　　$<ED_i>$——i 类粒子的能量密度；

　　　$<EF_i>$——i 类粒子的能量通量。

对于麦克斯韦-玻尔兹曼分布函数（B-1），这四个特征矩定义如下

$$< ND_i > = n_i \qquad (\text{B}-6)$$

$$< NF_i > = \frac{n_i}{2\pi} \left(\frac{2kT_i}{\pi m_i} \right)^{1/2} \qquad (\text{B}-7)$$

$$< ED_i > = \frac{3}{2} n_i k T_i \qquad (\text{B}-8)$$

$$< EF_i > = \frac{m_i n_i}{2} \left(\frac{2kT_i}{\pi m_i} \right)^{3/2} \qquad (\text{B}-9)$$

确定等离子体的这些特征矩要比根据温度或能量来确定等离子体的实际分布函数容易。尤其是对于空间等离子体来说，温度的概念是不确定的。例如，前四个特征矩中，与麦克斯韦-玻尔兹曼分布一致的两个等离子体温度定义如下

$$T_{av} = \frac{2}{3} \frac{< ED >}{< ND >} \qquad (\text{B}-10)$$

$$T_{rms} = \frac{< EF >}{2 < NF >} \qquad (\text{B}-11)$$

　　对于具有麦克斯韦–玻尔兹曼分布的等离子体来说，这两个温度是相等的；但对于实际等离子体来说，通常 T_{rms} 大于 T_{av}。即便如此，经验表明，对于空间等离子体来说，实际上双麦克斯韦–玻尔兹曼分布相比单麦克斯韦分布数学描述更为准确。也就是说，对于单一种类的粒子而言，等离子体的分布函数可表示如下

$$F_2(v) = \left(\frac{m}{2\pi k}\right)^{3/2} \left[\frac{N_1}{(T_1)^{3/2}} \times \exp\left(\frac{-mv^2}{2kT_1}\right) + \frac{N_2}{(T_2)^{3/2}} \times \exp\left(\frac{-mv^2}{2kT_2}\right) \right]$$

（B – 12）

式中　N_1——群 1 的数密度；

　　　T_1——群 1 的温度；

　　　N_2——群 2 的数密度

　　　T_2——群 2 的温度。

　　在大多数情况下，对于航天器表面充电的主要能量范围（大约 1 eV 至 100 keV），这种描述方法与观测数据符合得非常好。此外，直接根据四个特征矩可以非常方便地推导出 N_1、T_1、N_2 和 T_2，以便能建立等离子体的统一的数学表达式，该数学表达式不但包含了麦克斯韦–玻尔兹曼分布的简化形式，同时还合理地保留了等离子体的物理图像。然而，当以麦克斯韦–玻尔兹曼分布为参考时，必须牢记 T_{av}、T_{rms}、T_1 和 T_2 之间的区别，因为这只是实际等离子体环境的一个最佳近似。

　　尽管可以采用麦克斯韦–玻尔兹曼分布来描述诱发表面充电的低能电子环境，但是该分布通常对内部充电计算是不适用的。能量高于 100 keV 的电子环境近似于幂指数或更为复杂的 Kappa 分布。例如，若微分强度（通常也称为通量）$i(E)$ 具有幂律分布形式 $A_0 E^{-x}$，那么积分强度 $I(E)$ 则表示如下

$$I(E) = -\int_E^\infty i(E)\,\mathrm{d}E = -\frac{(A_0 E^{1-X})}{1-X}$$

（B – 13）

式中　$i(E) = -\mathrm{d}I(E)/\mathrm{d}E$——微分强度（或通量），即单位面积、

　　　　　　　单位时间、单位能量、单位立体角内通过的能量为 E

的粒子数 [如：$n/$（$cm^2 \cdot s \cdot Sr \cdot keV$）]

$I(E)$ ——积分强度（或通量），即单位面积、单位时间、单位立体角内通过的能量大于 E 的粒子数 [如：$n/$（$cm^2 \cdot s \cdot Sr$）]；

E——粒子能量；

A_0, X——常数。

因此全向通量表示如下

$$j(E) = \int_0^\pi d\alpha \int_0^{2\pi} i(E) \sin\alpha d\varphi \qquad (B-14)$$

$$J(E) = \int_0^\pi d\alpha \int_0^{2\pi} I(E) \sin\alpha d\varphi \qquad (B-15)$$

式中　$j(E)$ ——全向微分通量，即单位面积、单位时间、单位能量、4π 立体角内通过的能量为 E 的粒子数 [如，$n/$（$cm^2 \cdot s \cdot MeV$）]；

$J(E)$ ——全向积分通量，即单位面积、单位时间、4π 立体角内通过的能量大于 E 的粒子数 [如，$n/$（$cm^2 \cdot s$）]；

α——磁场中粒子的投掷角（单位为弧度），或无磁场情况下粒子入射方向与曲面法线的夹角。

包括 NASA 的 AE8/AP8 系列辐射带模型在内的一些出版物都采用上述定义的全向积分通量术语，这意味着粒子通量是各向同性（各方向上均匀）的，就是本文中的全向积分通量 J。其他出版物中出现的则是每单位立体角上的强度（通量）（即本文中的 I，单位为 $n/cm^2 \cdot s \cdot Sr$）。假设等离子体是各向同性分布的（常用的简化假设），二者之间的关系为

$$J = 4\pi I \qquad (B-16)$$

同样地，将方程（B-15）沿投掷角积分，乘以电荷 q，并将单位由 C/s 转换为 A，得到各向同性分布的平坦表面单位面积上的净电流 J，如下所示

$$J = \pi q I \quad (\text{A/cm}^2) \qquad (\text{B} - 17)$$

两方面因素导致通量降为 1/4。第一个 1/2 是由于表面电流仅来自表面的一侧。第二个 1/2 源于对非垂直入射所形成的投掷角进行积分所得到的电流平均值。如果通量不具有各向同性分布，则必须针对实际角分布重新进行计算。（注：为了避免混淆，在本手册后续内容中，航天器的总体电流定义为"I"，其中 $I = J \times$（收集面积））

上述内容对于作用于表面的通量和电流而言是正确无误的。对于穿透计算而言，在估算材料内部通量或者屏蔽层内部通量的时候，则必须认真考虑屏蔽层的几何形状。比如，由于非垂直入射电子穿过屏蔽层到达给定位置的路径长度较长，因此其穿透深度不及垂直入射电子。二者的差异主要取决于深度和电子谱。进行精确计算则需要专业程序，这部分内容我们将在附录 C 中探讨。

B. 1. 2　数据来源

以下各小节简要介绍了探测等离子体环境的卫星以及如何获得这些卫星的数据。想要从空间探测中获得校准数据需注意几个问题：高能电子探测数据有时会受到高能质子通过探测器时所产生的次级电子的影响；探测器可能随时间出现老化导致探测效率降低，甚至可能无法针对所有能量范围进行初始校准；视角因素和相对于磁场的方位也会导致计数率向通量转换过程中存在不确定性等。尽管存在这些问题，但其带来的误差通常很小，探测数据至少可应用于工程中的充电评估。

B. 1. 2. 1　ATS - 5、ATS - 6

地球同步轨道上的等离子体环境数据主要来源于加州大学圣迭戈分校（UCSD）的低能等离子体探测器，该仪器安装在 NASA 的地球同步轨道卫星 ATS - 5 和 ATS - 6 上，可以获得 62 个能道的电子与离子（假定为质子）数据。ATS - 5 卫星，位于 ~225°E，星上探测仪器能量范围 51 eV~51 keV，能量间隔（dE/E）为 112%，每 20 s 采集一次数据。ATS - 6 卫星，位于 ~226°E，星上探测仪器能量范围

1 eV~81 keV，能量间隔（dE/E）为 113%，每 15 s 采集一次数据。相关数据可以从美国国家空间科学数据中心（NSSDC）获取。ATS－5 卫星提供了 1969－1970 年间 50 天平均数据，数据时间分辨率为 10 min；ATS－6 卫星提供了 1974－1976 年间 45 天平均数据，数据时间分辨率为 10 min。数据类型有观测时间、航天器位置坐标、电子和离子分布函数的四种矩。Garrett 与他的合作者们对这些数据进行了广泛的分析[1-3]。在洛斯·阿拉莫斯国家实验室（LANL）探测仪器的最新研究结果（B.1.2.4）发布前，这些数据和源自 SCATHA 的数据是地球同步轨道上统计数据的主要来源。此外，ATS－6 还提供了一个特定时期（1976 年 9 月 14－25 日）的 10 天数据，在此期间，ATS－6 经过搭载 LANL 带电粒子分析仪（CPA）的另一颗地球同步轨道卫星，可以对粒子仪器进行交叉校准。这些观测数据的描述见参考文献［4］。参考文献［5］全面总结了地球空间的等离子体环境，下文将对此进行介绍。

B.1.2.2　SCATHA

1979 年发射升空的 SCATHA 卫星是航天器充电数据的另一个主要来源。除了开展测量及控制航天器充电的多项试验之外，SCATHA 还在若干年内测量了 5.5~7.7 R_e 范围内的空间环境。其中，等离子体环境研究中最令人感兴趣的是美国空军地球物理实验室（AFGL）研制的 SC5 快速扫描粒子探测仪和 UCSD SC9 低能等离子体探测仪，前者时间分辨率为 1 s，可测量 50 eV~0.5 MeV 能量范围内的电子和离子，后者时间分辨率为 0.25 s，可测量 1 eV~81 KeV 能量范围内的电子和离子等离子体。UCSD SC9 是 ATS－5 和 ATS－6 仪器的仿制品。Mullen 与他的合作者们对这两颗卫星的数据展开了大量的分析，获得的统计结果与 ATS－5 和 ATS－6 卫星的相关发现类似[6-9]。相关数据可以通过参考文献和 NSSDC 网站获取。

B.1.2.3　GOES

高能粒子环境中最具可用性的数据来自位于地球同步轨道的美

国国家海洋和大气管理局（NOAA）GOES 系列卫星。本文关注的数据主要包括 $E>2$ MeV 电子通量，单位为 $e \cdot cm^{-2} \cdot s^{-1} \cdot Sr^{-1}$。从 GOES 8 开始，可以提供从 1986 年初到目前的所有 $E > 600$ keV 电子环境的相关数据。GOES 卫星通常位于美国东部和西海岸上空，但是确切位置随时间变化。具体联系方式详情参见附录 K。下面的网址可以提供近实时数据：http://ngdc.noaa.gov/，点击"Space Weather & Solar Events"，然后点击"Satellite Data Services: GOES SEM"，即可从多种选项中进行选择。或者，在主页上，也可以查看多种选项。如果需要最近 3 天的 GOES 空间天气数据，请访问网址 http://www.swpc.noaa.gov/today.html。

B.1.2.4　LANL 探测器

LANL 为美国国防部各种地球同步轨道航天器提供的星载探测器，自 1970s 服务至今。CPA 或者目前正在开展的 SOPA 试验，具有更高的能道。数据涵盖了较大的能量范围，例如，电子能量从 $E > 30$ eV 到 $E > 5$ MeV，时间范围从 1976 年到 2005 年。此类数据经过了精心校准，可以提供比 GOES 数据更为详尽的环境描述，不过目前尚未处于随时可用状态。近期的一些论文描述了洛斯·阿拉莫斯数据，其中包括参考文献 [10, 11]。关于联系方式，Michelle Thomsen 的电话为 506-667-1210，Geoff Reeves 的电话为 505-665-3887。LANL 数据网站的网址为：http://leadbelly.lanl.gov/。可以从该网站获取从历史到当前的高能粒子数据。

自 1989 年以来，除了 SOPA，LANL 还持续开展了多项高质量测量工作，其中涉及范围从 1 eV 到 40 keV 的电子与质子能谱，此类测量工作是通过一系列地球同步轨道航天器上搭载的磁层等离子体分析仪（MPA）完成的。此类数据不仅对等离子体进行了特性描述，还可用于推断仪器接地电位（相对于等离子体）和不等量充电。采用原始数据可以计算自旋角平均通量谱、航天器电位和各种特征矩。密度和温度矩应在深入理解其推算过程的前提下谨慎使用（参见参考文献 [12] 给出的数据分析细节）。参考文献 [13] 给出了一个完整太阳活动周期内电子与离子的统计能谱。可以从 Michelle Thomsen 那里获得能谱图和特征矩或其他更多的数据，其电子邮箱为 mthomsen@ lanl. gov。

B. 1. 2. 5　CRRES

1990 年发射升空的 CRRES 卫星提供了数十年来地球辐射带的最为精确详细的测量结果。作为内部充电领域的一项划时代举措（首次开展了针对内部充电设计的试验），该航天器提供了有关整个磁层的 IESD 位置及发生次数的大量数据。CRRES 被发射至 18°倾角椭圆轨道，穿越范艾伦辐射带和地球同步轨道。其轨道周期为 10 h，测量了几 eV 至 10 MeV 的电子。主要数据采集时间从 1990 年 7 月 25 日至 1991 年 10 月，除辐射数据之外，还包测量到了大量的内部放电数据。这些数据和相关程序代码可通过谷歌搜索 AF - GEOSPACE 获得。

B. 1. 2. 6　SAMPEX

1992 年发射升空的 SAMPEX 传回了低空辐射环境的大量数据。该卫星处于 82°大倾角、520 km×670 km 高度的极轨。其轨道穿过众多的 L 壳层，尽管其数据并非取自高空，但是仍然包含了那些壳层的相关信息。SAMPEX 质子/电子望远镜（PET）提供了 0.4 eV 至 30 MeV 范围内极区内的沉降电子的相关测量结果。联系方式为 Dan Baker 博士，电话 303-492-0519。

B. 1. 2. 7　其他来源

NASA 国际日地物理计划（ISTP）拥有多颗位于特定轨道的卫星（例如：用于研究太阳风或地球磁尾中的等离子体状况）。网址为：http://www-istp. gsfc. nasa. gov。欧洲卫星 Giove-A 搭载了一台名为 Merlin 的紧凑型探测器，用以测定电子通量和其他等离子体参数。Ryden（2005 年）等人发表的论文[14]和更多的近期文献，详细描述了这颗 MEO 卫星的观测结果。

对异常研究来说，宜快速确定事件过程中的电子环境状态，但通常针对某航天器的特定轨道及某特定时段，并没有合适的等离子体数据可供使用。在这种情况下，还可以从同时在轨的其他航天器上获取地磁指数或者异常数据作为二级数据来源。这些数据也为开展异常研究提供了有价值的资料，有助于揭示表面充电和单粒子翻转（SEUs）的真实原因。位于科罗拉多州博尔德的 NOAA 世界数据中心（WDC）采用近实时的方式提供了大量的有用指数，并且对航天器异常数据库进行维护。可从下列网址获取相关资料：http://www. ngdc. noaa. gov/wdc/。

当前，业界的关注点开始转向开发简单的通用空间环境探测器，这类探测器可适用于商业航天器，可监测表面和内部充电通量。国际通信卫星组织（INTELSAT）至少发射了一种此类装置，其他组织也发射了类似的装置。一旦形成此类传感器网络，那么就可以开展地球等离子体及辐射环境状态的实时测量，预报表面及内部充电效应。

B. 2　地球同步轨道环境

B. 2. 1　地球同步轨道等离子体环境

本节利用温度和数密度来描述地球同步轨道上的等离子体环境。对于简单的环境特性描述，假设只存在电子和质子两种粒子，且每种粒子的能量分布均采用麦克斯韦-玻尔兹曼分布函数进行描述（附录 B. 1. 1）。之所以采用这种描述方式是因为麦克斯韦-玻尔兹曼分布函数便于计算航天器充电问题。如果不使用麦克斯韦-玻尔兹曼分布，那么就需要对实际数据进行曲线拟合和数值积分，而这种情况下会产生更大的计算成本。如果单一的麦克斯韦-玻尔兹曼分布不足以应对已知环境，那么通常将测量数据处理为两个麦克斯韦-玻尔兹曼群之和。氧和氮等物质可以作为附加的麦克斯韦分布群。注意：其他的描述方式，如 Kappa 分布也是可以的，但是麦克斯韦-玻尔兹曼分布足以满足大多数简单的充电评估。

　　下文将通过麦克斯韦-玻尔兹曼分布及其特征矩详尽地描述地球同步轨道等离子体环境。感兴趣的读者还可以参考充电环境的一些最近研究成果，基于众多地球同步轨道航天器上 LANL 电子及离子分光仪的相关数据。比如，可以参考文献［12，13］关于大约 1 eV到大约 45 keV 范围内电子与离子环境的相关论文，以及参考文献［10］关于相应的 30 keV ~2.5 MeV 范围内电子环境的相关论文（POLE 模型）。参考文献［11］将 LANL 数据与日本试验卫星的数据进行了整合，覆盖了 1 keV ~5.2 MeV 这一能量范围（IGE－2006模型）。

　　环境特征描述首先考虑平均状态。可用 ATS－5、ATS－6 以及SCATHA 等航天器近 45 天内的 10 min 平均数据来进行估算。那么，对于每颗航天器，相关的平均值（表 B－1）和标准偏差（表 B－2）就可以估算。在此表中，假定离子为质子。值得注意的是，多数情况下，标准偏差超过平均值，这是由于地球同步轨道的环境变化巨大，说明试图描述"平均"状态的等离子体环境有一定的难度（为了避免此类问题，另外一种描述数据的方式是假设数据在统计意义上处于对数正态分布）。不过，此类数值适用于估算平均或者暴前的状况，因为航天器最初充电状态对于确定航天器将如何应对环境显著变化而言是至关重要的。此外，鉴于 ATS－5 数据主要涉及 1969－1970 年，ATS－6 数据主要涉及 1974－1976 年，SCATHA 数据主要涉及 1978 年，因此这些平均值还可以大致描述太阳活动周期内等离子体状况变化。

　　另外一种研究环境状态的方式是观察最恶劣情况。除了表 B－1之外，还估算了最恶劣情况下的地球同步轨道环境参数（表 I－1）。这些数值是通过拟合几个已知的最恶劣 ATS－6 和 SCATHA 充电事件期间观察到的实际等离子体分布得到的。采用 SCATHA 探测器可以将数据细分为与磁场平行及垂直的各个分量，因此可以更为真实地描述实际环境。此类数值尤其适用于估算地球同步轨道航天器可能遇到的各种极端环境，详情参见附录 I。

表 B-1　部分航天器的平均环境参数

电子参数

参数	ATS-5	ATS-6	SCATHA
数密度/cm^{-3}	0.80	1.06	1.09
电流密度/nA·cm^{-2}	0.068	0.096	0.115
能量密度/eV·cm^{-3}	1 970	3 590	3 710
能量通量/eV·cm^{-2}·s^{-1}·Sr^{-1}	0.98×10^{12}	2.17×10^{12}	1.99×10^{12}
群 1 的数密度/cm^{-3}	0.578	0.751	0.780
群 1 的温度/keV	0.277	0.460	0.550
群 2 的数密度/cm^{-3}	0.215	0.273	0.310
群 2 的温度/keV	7.04	9.67	8.68
平均温度/keV	1.85	2.55	2.49
均方根温度/keV	3.85	6.25	4.83

离子参数（假设主要为 H^{+}）

参数	ATS-5	ATS-6	SCATHA
数密度/cm^{-3}	1.36	1.26	0.58
电流密度/pA·cm^{-2}	5.1	3.4	3.3
能量密度/eV·cm^{-3}	13 000	12 000	9 440
能量通量/eV·cm^{-2}·s^{-1}·Sr^{-1}	2.6×10^{11}	3.4×10^{11}	2.0×10^{11}
群 1 的数密度/cm^{-3}	0.75	0.93	0.19
群 1 的温度/keV	0.30	0.27	0.80
群 2 的数密度/cm^{-3}	0.61	0.33	0.39
群 2 的温度/keV	14.0	25.0	15.8
平均温度/keV	6.8	6.3	11.2
均方根温度/keV	12.0	23.0	14.5

表 B-2 标准偏差

电子的标准偏差

参数的标准偏差 (±)	ATS-5	ATS-6	SCATHA
数密度/cm^{-3}	0.79	1.1	0.89
电流密度/$nA \cdot cm^{-2}$	0.088	0.09	0.10
能量密度/$eV \cdot cm^{-3}$	3 100	3 700	3 400
能量通量/$eV \cdot cm^{-2} \cdot s^{-1} \cdot Sr^{-1}$	1.7×10^{12}	2.6×10^{12}	2.0×10^{12}
群 1 的数密度/cm^{-3}	0.55	0.82	0.70
群 1 的温度/keV	0.17	0.85	0.32
群 2 的数密度/cm^{-3}	0.38	0.34	0.37
群 2 的温度/keV	2.1	3.6	4.0
平均温度/keV	2.0	2.0	1.5
均方根温度/keV	3.3	3.5	2.9

离子的标准偏差/假设主要为 H+

参数的标准偏差 (±)	ATS-5	ATS-6	SCATHA
数密度/cm^{-3}	0.69	1.7	0.35
电流密度/$pA \cdot cm^{-2}$	2.7	1.8	2.1
能量密度/$eV \cdot cm^{-3}$	9 700	9 100	6 820
能量通量/$eV \cdot cm^{-2} \cdot s^{-1} \cdot Sr^{-1}$	3.5×10^{11}	3.6×10^{11}	1.7×10^{11}
群 1 的数密度/cm^{-3}	0.54	1.78	0.16
群 1 的温度/keV	0.30	0.88	1.0
群 2 的数密度/cm^{-3}	0.33	0.16	0.26
群 2 的温度/keV	5.0	8.5	5.0
平均温度/keV	3.6	8.4	4.6
均方根温度/keV	4.8	8.9	5.3

在估算空间环境充电效应中，第三个令人感兴趣的量是等离子体参数的年发生率。通过对卫星 ATS‑5、ATS‑6 和 SCATHA 上搭载的 UCSD 仪器观测到的电子与离子温度分布拟合，可以推导出温度与电流的发生频率（图 B‑1）。此类数值可用于估算一年内预计出现特定环境状况的时间。

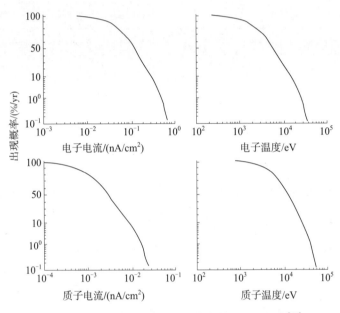

图 B‑1　地球同步轨道等离子体参数的发生频率[15]

第四个，也是非常重要的关注量是充电事件中等离子体参数随时间的变化情况。确定该变量的方法包括模拟磁层的详细模型和对众多磁暴事件进行平均。出于设计方案的考虑，我们采用与充电分析程序预测一致的自然电位变化方式模拟电子流、质子流和温度。图 B‑2 显示了适用于模拟磁暴期间最恶劣效应的时间历史序列。

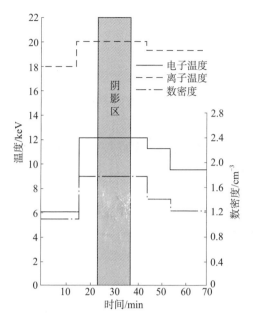

图 B－2　建议的亚暴仿真时间历史[15]

B.2.2　地球同步轨道高能粒子环境

地球同步轨道（GEO）是最具特色的地球轨道，该轨道的高能电子环境对通信卫星非常重要，对其了解程度要比等离子体环境好得多，这是由于 GEO 轨道卫星众多，与其他轨道相比更容易获得大量的数据。但是，仍需考虑很多环境特性，其中包括高能电子能谱随经度变化、随时间的快速变化等。下文描述了此类特性。

B.2.2.1　随太阳活动周期的变化

位于 GEO 的高能电子通量随太阳或太阳黑子周期（约 11 年）长期变化。地球同步轨道卫星 GOES－7 测量的 $E>2$ MeV 电子通量与太阳黑子数呈反相关，太阳黑子数最低时，GOES $E>2$ MeV 电子通量较高。如图 B－3 和图 B－4 所示。

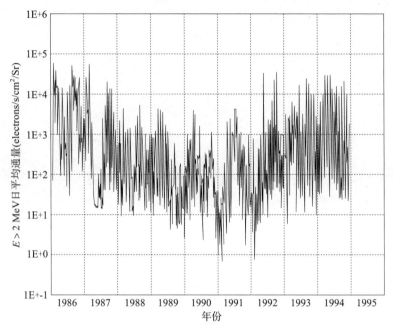

图 B－3　GOES 卫星在大约一个太阳活动周期内（1986－1995 年）探测的
$E>2$ MeV 电子在地球同步轨道上的平均通量

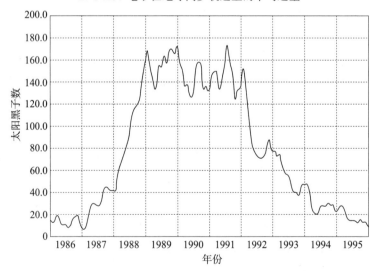

图 B－4　1986 年至 1995 年观测到的平均太阳黑子数

太阳活动高年开展飞行任务则意味着高能电子（$E>2$ MeV）的注量/剂量较小。不幸的是，目前多数 GEO 任务的持续时间均超过 5 年，因此对于发射升空日期未知的项目来说，卫星的设计应当考虑在此期间可能发生的最恶劣情况。最恶劣情况与低谷期情况的高能电子通量相比可能超过 100∶1。但是，直接驱动这种环境的太阳活动并不会严格遵守这一平均值，即使在 $E>2$ MeV 电子通量通常会比较低的时期，高能电子通量仍有可能变得非常高。项目负责人一旦了解任务时间安排，则可能希望提前做一些风险估计来节省项目资源，但是本文作者不支持这种策略。

B.2.2.2　随经度的变化

等离子体及辐射环境与地球磁力线有关。磁力线可以采用 L 来描述，L 是某条磁力线与磁赤道面交点的地心距离，以地球半径为单位（参考偶极磁场模型）。某条特定的磁力线绕地球旋转而形成的曲面被称为 L 壳。因为带电粒子（电子、质子等）被捕获在磁力线或 L 壳上，辐射通量可以通过观测点的磁场强度和穿过该点的 L 值来描述，$B-L$ 坐标系常用于辐射带建模。由于地球偶极磁场对地球旋转轴的倾斜和偏移，实际地磁场中 $B-L$ 值在地球同步轨道高度上随经度变化（图 B-5）。因为磁赤道面上特定的磁力线参数 L 上的辐射通量是常数，所以在 GEO 高度上不同经度因为 $B-L$ 值不同而辐射环境不同。GEO 上相关的注量和剂量变化如图 B-6 所示。

图 B-6 中，GEO 电子注量来自 AE8 模型，而电子剂量来自 CRRESRAD 模型。该图仅为了说明随经度的平均变化。即使已知卫星的经度位置，仍然应当针对所有卫星采用最大电子通量环境。

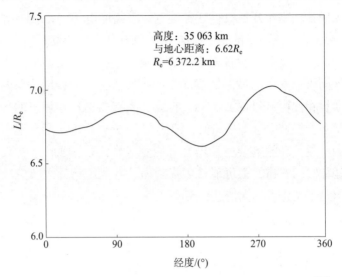

图 B‑5　地球赤道不同经度的 L 壳层数值（单位为地球半径）[17]

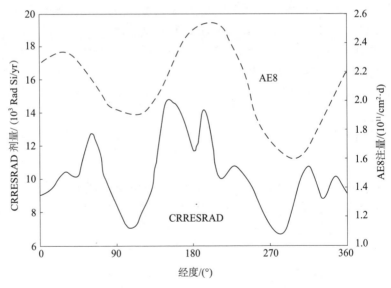

图 B‑6　根据 AE8（$E>0.5$ MeV）和 CRRESRAD（$E>1$ MeV）
模型绘制的 6.6 R_e 处日电子注量和年剂量[18]

B.2.2.3　随平均时间间隔的变化

除了随太阳活动周期的长期变化外，地球同步轨道电子通量还随地磁活动和地球磁层的快速变化而呈现短期变化。因此，高能电子平均通量随着计算平均值所用的时间间隔不同而变化。对高分辨率采集的大量数据，用逐渐递增的积分时间计算平均值，可以观察到这一现象。GOES $E>2$ MeV 的电子时间分辨率为 5 分钟。5 分钟平均的日通量峰值是 24 小时平均的日通量峰值的 3~4 倍（24 小时平均的峰值通量，如预计的一样，要低一些）。在对比不同数据集的时候，应当注意此类平均间隔问题。图 B-7 反映了该问题。

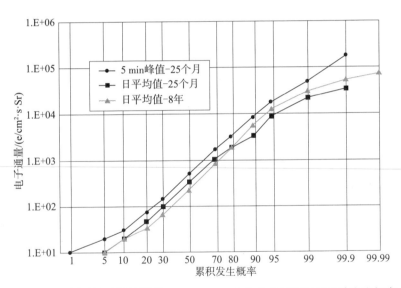

图 B-7　不同平均时间情况下 GOES-7 $E>2$ MeV 电子通量的累计发生概率

—●—　活跃期内一天中最大 5 分钟 GOES 通量；

—■—　活跃期内 GOES 每天平均通量*；

—▲—　8 年内 GOES 每天平均通量(1986 年 1 月 1 日到 1994 年 11 月 30 日)；

*从较高水平的连续 25 个月内进行选取(GEO, 1992 年 1 月 1 日至 1994 年 1 月 31 日)

B.2.2.4　随地方时的变化

地球同步轨道指定经度上的高能电子通量，会随着地方时发生变化。在地磁活动期间，地方时正午与地方时午夜的通量变化比例大约为 10 : 1，其中最高通量大约在地方时正午出现。可以参考 NOAA 网站（http：//www. sec. noaa. gov/today. html）给出的最近 3 天 GEO 轨道的每 5 分钟电子通量。通常，$E > 2$ MeV 电子通量（$cm^{-2} \cdot s^{-1} \cdot Sr^{-1}$）的 24 小时平均值大约为此类标绘图中每天通量峰值（5 分钟时间间隔内的最高通量）的三分之一。

B. 2. 2. 5 能谱变化

电子积分能谱的形状和峰值均随时间变化。图 2 - 6 显示了来自 LANL SOPA 探测器的最恶劣情况下的高峰值能谱，是数小时的平均值，并与 AE8 模型预测谱进行对比，后者是长期平均值。相对于 SOPA 探测器的最恶劣谱，AE8 的平均值具有不同的能谱形状以及较低的峰值。也就是说，2 MeV 与 600 keV 的积分电子通量比值，通常在每天是不同的。可见看出，低能电子的能谱曲线彼此接近，而当电子能量超过 1 MeV 时，能谱曲线则迅速分离，最恶劣谱较 AE8 谱大约高了 2 个数量级。正常状态、平均状态以及短期最恶劣状态间的这种巨大差异体现了地球辐射环境的特性。AE8 模型由于平均时间间隔长（大约 5 年），不适合用于内部充电计算，因为内部充电效应的时间尺度以天为量级，甚至还要小。上述观点中并未包含辐射诱发电导率的影响，辐射诱发电导率会削弱内部电场。在 2 MeV 左右这种效应是显著的，但是尚无法提供充分的材料数据用于明确说明该现象。

B. 2. 2. 6 峰值统计

地球同步轨道电子通量长期变化统计分析的最佳数据源自 NOAA GOES - 7。尽管仅提供了 $E > 2$ MeV 的电子，但是测量结果取自同一个探测器，而且可以提供大约一个完整的太阳活动周期的数据（图 B - 3）。图 B - 7 显示了 GOES - 7 电子通量事件的累计发生率，时间范围为 8 年，其中包括了该太阳活动周期内的最高通量。图 B - 7 显示了源自该数据集的三种统计数据的峰值统计结果，具体如下所示：

1）对于最恶劣情况下的 25 个月，一天内 5 分钟平均通量的最大值；

2）对于最恶劣情况下的 25 个月，日平均通量；

3）对于整个 8 年内，日平均通量。

图 B-7 中圆圈代表较高通量期内（1992 年 1 月 1 日至 1994 年 1 月 31 日）的 GOES 电子峰值通量数据（一天内 5 分钟均值的最大峰值）。三角形对应于 1986 年至 1994 年期间 GOES 日平均通量的累积概率。正方形代表 1992 年 1 月 1 日至 1994 年 1 月 31 日间的 GOES 数据日均值。所有数据均摘自参考文献［16］。此处需要注意的是，虽发生概率 10% 至 95% 区间拟合曲线呈高斯分布，但这种分布不能解释发生概率在 95% 以上的数据。这样就使得很难利用该曲线外推至 99.99% 的环境置信度。实际上存在更高百分比位置偏低的情况[19]，即最恶劣环境的发生频率低于简单的高斯分布所表现的情况。读者在尝试采用这些概率进行相关设计的时候应当多加注意，可以采用图 2-6 的最恶劣情况能谱。

B.3　其他地球轨道环境

B.3.1　MEO

MEO 轨道高度约为 2 000 ~ 25 000 km，电子通量峰值约在 20 000 km 高度处（电子辐射带中心）。对于内部充电来说，这是最需要重视的地球环境。由于全球定位卫星（GPS）以及某些已经提出的由多颗卫星组成的通信系统均处于该轨道，因此，这是内部充电研究重点关注的环境。图 B-8 是 0° 经度位置地球辐射带的示意图，显示了 AE8 电子（$E > 1$ MeV）通量与 AP8 质子（$E > 10$ MeV）通量的计算结果。图中清楚地显示了电子辐射带的双带结构和延伸至较低高度（极区）的角状结构。该图清楚地描绘了 MEO 环境及其与轨道特性之间的相关性。每个区域对应于某个特定的谱分布，而该谱分布影响内部充电计算。此外，还应当注意的是在剧烈地磁暴之后，两个主电子带之间有时会出现第三个电子带，该电子带可能持续数月之久才会消失。

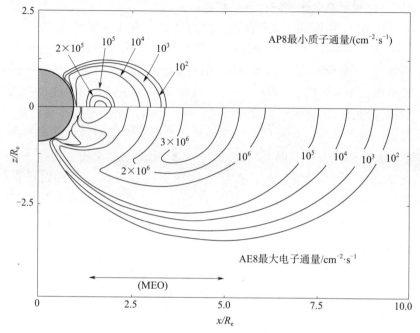

图 B‐8　AE8 和 AP8 模型估算的地球辐射带示意图
（0°经度位置 $E > 1$ MeV 电子以及 $E > 10$ MeV 质子的等值线）

　　注：图 B‐8 显示了采用地球理想化偶极子磁坐标的电子和质子通量，并且将二者合并在一张图中。垂直轴是极轴，采用地球半径作为垂直坐标轴单位。水平轴是以地球半径为单位的磁赤道距离。上半部分图代表质子；南半球质子通量是北半球的镜像。电子（下半部分图）同样在该坐标系磁赤道位置上下对称

B.3.2　PEO

　　第二类重要的轨道是大倾角极轨道。如图 B‐8 所示，较低高度的极轨道将穿过电子带的凸起部分，并且在较短时间内遭遇显著变大的高能电子通量。很多军用卫星、众多的成像卫星以及低空通信卫星均处于极轨道之中。对于低地球轨道而言（＜1 000 km），尽管也存在内部充电风险，但是其程度通常大大低于 GEO 或者 MEO。在较高的高度位置，影响主要取决于轨道的具体情况，并且可以通过适当选择偏心率和倾角将此类风险最小化。不过，仍然需要在任务

设计初期评估所有大倾角轨道是否可能存在内部充电问题。

B.3.3 莫尼亚轨道

另一种俄罗斯航天器的常用轨道被称为莫尼亚轨道。莫尼亚轨道采用椭圆运动轨迹，近地点为 500 km，远地点为 39 000 km，轨道倾角为 63°，轨道周期为 12 h。由于航天器在远地点的飞行速度慢、驻留时间长，该轨道可对高纬度区域，比如俄罗斯全境，实现良好的地面覆盖。卫星在这一轨道穿越了整个空间环境，从 LEO 上高密度、低能等离子体，经过辐射带到达行星际环境。此外，该轨道还暴露于昼夜环境中，以至于卫星会受到所有环境变化的影响。因此，应当针对莫尼亚轨道可能出现的内部充电问题进行评估。

B.4 其他空间环境

B.4.1 太阳风

除了与表面充电和内部充电现象不是特别相关的、偶发的太阳质子事件（SPEs）产生的辐射剂量之外，太阳风环境对于大部分航天器充电效应是相对无害的。太阳风是从太阳表面向外流动的完全电离的、呈电中性的磁化等离子体。表 B-3 总结了黄道面上太阳风的众多特性。表中并没有清楚地体现出太阳风的高度变化性和与 11 年太阳活动周期耦合的太阳风特征。近年来建立了密切监视太阳和太阳风活动的行星际太阳风观测站，比如，Ulysses、WIND、太阳和日球层观测台（SOHO）、Yohkoh 观测台、先进成分探测器（ACE）和过渡区及日冕探测器（TRACE）。其中，Ulysses 飞越了太阳两极，绘制了太阳风的三维结构。这些航天器确定了与太阳风等离子体相关的众多特性，最令人关注的是日冕物质抛射（CME）事件和太阳风高速流，即所谓的极端条件下的主要事件，如图 B-9 所示，图中还显示了太阳风的变化性。事实证明，尽管并非不可能，但是很难定义一种或者两种最恶劣情况下的太阳风充电环境，用它可以去描述等离子体状况的丰富变化，并给出航天器在该环境下的特有充电响应。

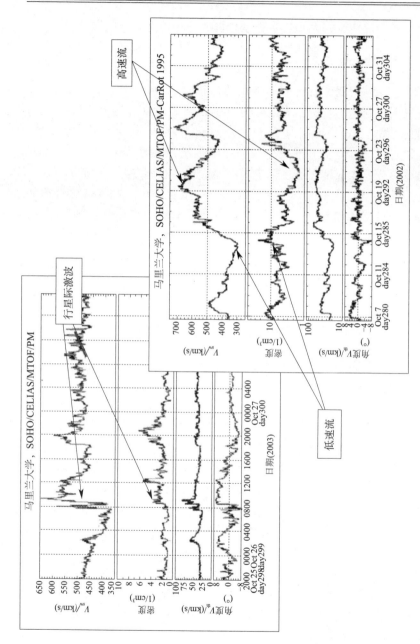

图B–9　SOHO卫星测量到的行星际激波、高速流和低速流的太阳风参数 [22]

表 B-3 黄道平面 1 AU 位置的太阳风特性

性质	最小值	最大值	AVG
通量/（$n/cm^2 \cdot s$）	10^8	10^{10}	$2 \times 10^8 \sim 3 \times 10^8$
速率/（km/s）	200	2500	$400 \sim 500$
密度/（n/cm^3）	0.4	80	$5 \sim > 10$
温度/eV	0.5	100	20
T_{max}/T_{avg}	1.0（各向同性）	2.5	1.4
氦比率（N_{He}/N_H）	0	0.25	0.05
流向	从半径±15°		大约东经 2°
阿尔芬速率/（km/s）	30	150	60
B/nT	0.25	40	6
B 矢量	极化分量 平面分量		黄道平面的平均值 大约 45°立体角的平均值

　　Minow、Parker 及其同事深入分析回顾了 Ulysses 以及类似的太阳风数据。他们根据 Ulysses 数据，由发生频率百分比得到了太阳风电子与质子环境的参照谱（图 B-10）。此类谱可用于估算太阳风中的表面充电及内部充电情况。一般而言，表面充电研究不需要这么详细，可用一个假定的麦克斯韦-玻尔兹曼分布来代替。这种假定中，典型的太阳风参数如表 B-4 中所列的 1 AU 和 0.5 AU。（注：为了简化起见，仅考虑了太阳风电子的核心群，而忽略了电子光晕群。）表 B-4 中列出了这两种环境的标定太阳风性质。

表 B-4 标定的太阳风等离子体环境

等离子体环境	0.5 AU	1.0 AU
电子等离子体的密度 R_e/cm^{-3}	17	12.8
电子等离子体的温度 T_e/eV	10.6	11.13
离子等离子体的密度 R_i/cm^{-3}	17	12.8
离子等离子体的温度 T_i/eV	40	10

续表

等离子体环境	0.5 AU	1.0 AU
光电子电流（CPH）/nA·cm^{-2}	8	2
卫星运行速度/（km/s）	702	327
电位（估算值）	**0.5 AU**	**1.0 AU**
屏蔽（绝缘体）	−22	−22.6
日光（导电）	11.7	7.5

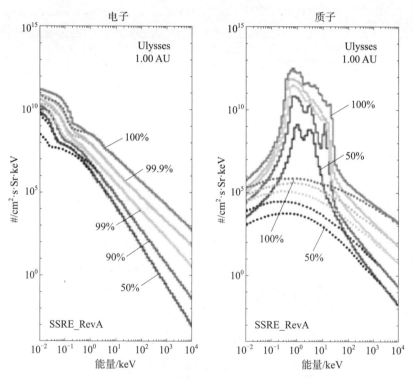

图 B-10　Ulysses 卫星测量的各种概率环境下的太阳风粒子谱。
实线代表太阳方向流出；虚线代表流向太阳方向[23]

B.4.2　地球、木星和土星磁层的对比

表 B-5 列出了地球、木星和土星磁层的主要特性。木星和土星

的直径大约是地球的 10 倍, 而磁矩则分别是地球的 2×10^4 倍和 500 倍。由于赤道磁场与磁矩成正比, 与径向距离的立方成反比, 因此, 根据行星半径, 地球与土星磁场大小相近, 而木星磁场则是地球的 20 倍。此外, 还应当考虑的是, 处于 1 AU 位置地球的光电子通量大约是木星 (大约 5 AU) 的 25 倍, 土星 (大约 10 AU) 的 100 倍。

表 B-5 地球、木星和土星的磁层

行星	区域/参数			
	赤道半径/km	磁矩/ ($G \cdot cm^3$)	转动周期/h	(远日点/近日点) /AU
地球	6.38×10^3	8.10×10^{25}	24.0	1.01/0.98
木星	7.14×10^4	1.59×10^{30}	9.925	5.45/4.95
土星	6.00×10^4	4.30×10^{28}	10.23	10.06/9.01

转动速率同样也是一个重要因素。木星和土星的自转速度是地球的两倍以上 (大约 10 h, 相比地球的 24 h)。由于这两颗行星具有较强的磁场, 这意味着, 此类磁层中捕获的冷等离子体共转速度远高于航天器在轨速度。这与地球的情况正相反, 在地球的较低高度, 航天器轨道速度大约比电离层等离子体共转速度快 8 km/s。而靠近木星的共转速度为 30~40 km/s, 土星外磁层共转速度则超过了 100 km/s。由于磁层是局部等离子体环境的主要控制因素, 因此这些行星上的充电环境存在着相当大的差异。

木星的磁层主要受到以下三个因素的影响:

1) 磁轴相对于自旋轴的倾角 (11°);

2) 快速旋转;

3) 位于 5 R_j (木星半径) 处的木星的卫星 Io。Io 形成了一个巨大的气体环。木星磁场的快速旋转迫使该环的冷等离子体加速, 同时离心力导致其扩张为巨大的圆盘状物。磁场的倾斜和旋转速度使该等离子体圆盘上下移动, 因此, 在已知位置, 等离子体参数在 10 h 周期内发生剧烈变化。

木星环境可以大致分为以下三类：

1）Io 环以及等离子体圆盘相关的冷等离子体（$0 < E < 1\ keV$）；

2）中间的等离子体以及极光（$1\ keV < E < 100\ keV$）；

3）辐射环境（$E > 100\ keV$）。

冷等离子体环境密度高（约 2 000 cm^{-3}）、能量低（$1\ eV \sim 1\ keV$）。主要由氢、氧（单电离和双重电离）、硫（单电离、双重电离和三重电离）和钠（单电离）离子构成。中间等离子体环境主要由电子（大约 1 keV）和质子（大约 30 keV）组成，并假定其为指数变化，从 $r < 10\ R_j$ 的大约 5 cm^{-3}，直至超过40 R_j 的 0.001 cm^{-3}。共转速度从 $\sim 45\ km/s$ 至 20 R_j 处的 $\sim 250\ km/s$。

土星最为显著的特点是其周围存在一个具有明显特征的环状结构，使其区别于其他行星。除了土星环，土星磁层与木星磁层相似，内部冷等离子体盘的密度较低，而较远距离位置则存在能量稍高一些的等离子体盘。尽管内磁层并不存在与 Io 等效的卫星，但是在大约 20 R_s 处，仍然存在相当稠密的冷等离子体片，土星的巨大卫星"泰坦"在外磁层形成了巨大的中性气体云。与木星不同的是，土星磁轴与自转轴重合，与木星相比，土星周围的等离子体环相对稳定。等离子体共转速度与木星类似，不过最大速度峰值略高于 100 km/s。基于电流平衡和地球、木星及土星上的冷等离子体、中间等离子体环境（还包括在三颗行星上观察到的极光），可设计一种简单的工具来估算这些行星周围航天器与空间的电位。表 B-6 列出了针对铝质表面球形航天器使用该工具获取的相关结果，其中涉及多个不同的等离子体区域以及相关状况。由该表可知，地球对航天器明显表现出了最大威胁。预计在日蚀状态下，靠近地球同步轨道位置的负电位最高可达 20 000 V，而实际上明显观察到电位数值远超过20 000 V。木星的电位处于中间水平。仅当二次电子发射受到抑制的时候，才观察到较高的电位，这种情况较少，但是对于某些表面结构而言，仍然存在一定的可能性。土星的状况与木星类似，不过从总体上讲更低一些。即便如此，行星周围的航天器表面充电仍旧是涉及航天器生存能力的关注点。实际上，即使十几伏电压也可能严重影响低能等离子体测量，因此，应当在进行科学考察前考虑航天器充电问题。

表 B - 6　采用简单充电计算程序得到的地球、木星和土星的典型充电水平

区域	等离子体对流 速度 V_c/（km/s）	电位 （日照条件下）/V	电位 （无日照/无二次电子）/V
地球			
电离层	8	- 0.7	- 4.4
等离子体层	3.7	- 1.6	- 3.8
极光区	8	- 0.7	- 500
地球同步	3	2.0	- 20 000
木星			
低温环	44	- 0.59	- 1.2
高温环	100	- 60	- 70
等离子体片	150	- 94	- 130
外磁层	250	9.5	- 2 500
土星			
内部等离子体片	40	~5	- 30
外部等离子体片	80	~5	- 500
高温外磁层	100	- 100	- 500

三颗行星的辐射环境中的高能电子，是引起内部充电的原因。图 B - 11 中显示了地球（AE8Max 模型）、木星［伽利略短期辐射电子（GIRE）模型］和土星［土星辐射（SATRAD）模型］的 1 MeV 电子通量等高线。大量的研究已经证明，大约 10^{10} e/cm^2 的注量水平会引发 IESD[24,25]。图 B - 11 中，地球、木星和土星最大通量分别为 10^7、10^8 和 10^6 e/cm^2·s（注：土星内部辐射带由于土星环系统而出现大量流失的情况）。这意味着 1 MeV 电子的内部充电时间大约为 10^3 s、10^2 s 和 10^4 s。飞行经验证明，地球存在中度乃至重度 IESD 问题，木星存在严重的 IESD 问题，而土星迄今为止并未出现任何问题。

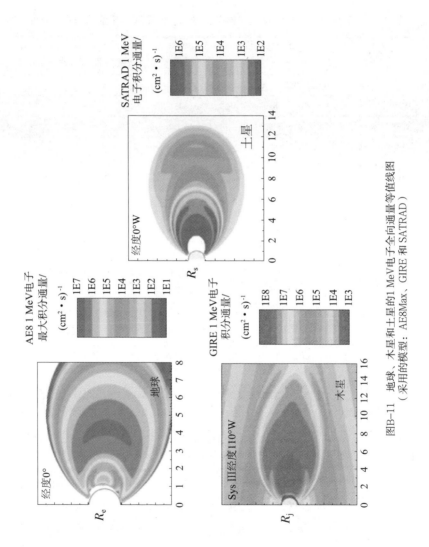

图B-11　地球、木星和土星的1 MeV电子全向通量等值线图
（采用的模型：AE8Max，GIRE 和 SATRAD）

参 考 文 献

[1] H. B. Garrett and S. E. DeForest, "Analytical Simulation of the Geosynchronous Plasma Environment," *Planetary and Space Science*, vol. 27, pp. 1101 − 1109, 1979.

[2] H. B. Garrett, D. C. Schwank, and S. E. DeForest, "A Statistical Analysis of the Low − energy Geosynchronous Plasma Environment −− I. Electrons," *Planetary and Space Sciences*, vo. 29, pp. 1021 − 1044, 1981.

[3] H. B. Garrett, D. C. Schwank, and S. E. DeForest, "A Statistical Analysis of the Low − energy Geosynchronous Plasma Environment −− II. Ions," *Planetary and Space Sciences*, vol. 29, pp. 1045 − 1060, 1981.

[4] H. B. Garrett, D. C. Schwank, P. R. Higbie, and D. N. Baker, "Comparison Between the 30 − 80 keV Electron Channels on ATS − 6 and 1976 − 059A During Conjunction and Application to Spacecraft Charging Prediction," Journal of Geophysical Research, vol. 85, no. A3, pp. 1155 − 1162, 1980.

[5] A. Jursa, ed. , Handbook of Geophysics and the Space Environment:, 4th edition, Air Force Geophysics Laboratory, Hanscom Air Force Base, Massachusetts, National Technical Information Service Document, Accession No. AD − A167000, December 5, 1985.

[6] E. G. Mullen and M. S. Gussenhoven, "SCATHA Environmental Atlas," AFGL − TR − 83 − 0002, AFGL, Hanscom Air Force Base, Massachusetts, 1983.

[7] E. G. Mullen, M. S. Gussenhoven, and H. B. Garrett, "A ´Worst Case´ Spacecraft Environment as Observed by SCATHA on 24 April 1979," AFGL − TR − 81 − 0231, Air Force Geophysics Laboratory, Hanscom Air Force Base, Massachusetts, 1981.

[8] E. G. Mullen, M. S. Gussenhoven, D. A. Hardy, T. A. Aggson, B. G. Ledly, and E. C. Whipple, "SCATHA Survey of High − Level Spacecraft Charging in Sunlight," Journal of Geophysical Research, vol. 91, no. A2,

pp. 1474 - 1490, February 1, 1986.

[9]　E. G. Mullen, D. A. Hardy, H. B. Garrett, and E. C. Whipple, "P78 - 2 SCATHA Environmental Data Atlas," Spacecraft Charging Technology 1980, NASA CP 2182/AFGL - TR - 81 - 0270, National Aeronautics and Space Administration, pp. 802 - 813, 1981.

[10]　D. M. Boscher, S. A. Bourdarie, R. H. W. Friedel, and R. D. Belian, "Model for the Geostationary Electron Environment," IEEE Transactions on Nuclear Science, vol. 50, no. 6, pp. 2278 - 2283, 2003.

[11]　A. Sicard - Piet, S. Bourdarie, D. Boscher, R. H. W. Friedel, M. Thomsen, T. Goka, H. Matsumoto, and H. Koshiishi, "A New International Geostationary Electron Model: IGE - 2006, from 1 keV to 5.2 MeV," Space Weather, vol. 6, S07003, doi: 10.1029/2007SW000368, 13 pp., 2008.

[12]　V. A. Davis, M. J. Mandell, and M. F. Thomsen, "Representation of the Measured Geosynchronous Plasma Environment in Spacecraft Charging Calculations," Journal of Geophysical Research, vol. 113, no. A10204, doi: 10.1029/2008JA013116, 14 pp., 2008.

[13]　M. F. Thomsen, M. H. Denton, B. Lavraud, and M. Bodeau, "Statistics of Plasma Fluxes at Geosynchronous Orbit Over More than a Full Solar Cycle," Space Weather, vol. 5, S03004, doi: 10.1029/2006SW00025, 9 pp., 2007.

[14]　K. A. Ryden, P. A. Morris, A. D. P. Hands, C. S. Dyer, M. Fellows, B. Taylor, C. I. Underwood, D. J. Rodgers, G. Mandorlo, G. Gatti, H. D. R. Evans, and E. J. Daly, "Radiation monitoring in Medium Earth Orbit over the solar minimum period," Proceedings of RADECS 2008, September 10 - 13, Jyvaskyla, Finland, 2008. xxxxxxxxxxxxxxxxxxxxxxxxxxxxxxxx

[15]　C. K. Purvis, H. B. Garrett, A. C. Whittlesey, and N. J. Stevens, Design Guidelines for Assessing and Controlling Spacecraft Charging Effects, NASA Technical Paper 2361, National Aeronautics and Space Administration, September 1984.

[16]　GOES SEM Data Notes: Important Information for Data Users, website, National Oceanic and Atmospheric Administration National Geophysical Data Center. http://www.ngdc.noaa.gov/stp/satellite/goes/datanotes.html (Website Accessed

May 9, 2011.)

[17]　E. G. Stassinopoulos, "The Geostationary Radiation Environment," Journal of Spacecraft and Rockets, vol. 17, no. 2, pp. 145 – 152, March – April 1980.

[18]　G. L. Wrenn, "Conclusive Evidence for Internal Dielectric Charging Anomalies on Geosynchronous Communications Spacecraft," Journal of Spacecraft and Rockets, vol. 32, no. 3, May – June, pp. 514 – 520, 1995. Note that the author believes that there was still a need to convince people that internal charging was a real phenomenon, as recently as 1995.

[19]　C. F. Kennel and H. E. Petschek, "Limit on Stably Trapped Particle Fluxes," Journal of Geophysical Research, vol. 71, pp. 1 – 28, 1966.

[20]　E. J. Daly, "The Evaluation of Space Radiation Environments for ESA Projects," ESA Journal, vol. 12, pp. 229 – 247, 1988.

[21]　E. N. Parker, Interplanetary Dynamical Processes, Interscience, New York, New York, 1963.

[22]　H. B. Garrett and J. I. Minow, Charged Particle Effects on Solar Sails, NASA Report ISPT – SS – 06 – 101, Marshall Space Flight Center, Huntsville, Alabama, 2007.

[23]　J. I. Minow, L. N. Parker, and R. L. Altstatt, "Radiation and Internal Charging Environments for Thin Dielectrics in Interplanetary Space," presented at The 9th Spacecraft Charging Technology Conference, Tsukuba, Japan, April 2 – 9, 2005.

[24]　P. Leung, A. C. Whittlesey, H. B. Garrett, and P. A. Robinson, Jr. , "Environment – Induced Electrostatic Discharges as the Cause of Voyager 1 Power – On Resets," Journal of Spacecraft and Rockets, vol. 23, no. 3, May/ June, pp. 323 – 330, 1986.

[25]　A. R. Frederickson, E. G. Holeman, and E. G. Mullen, "Characteristics of Spontaneous Electrical Discharges of Various Insulators in Space Radiation," IEEE Transactions on Nuclear Science, vol. 39, no. 6, pp. 1773 – 1982, December 1992.

附录 C 环境、电子输运及航天器充电计算程序

C.1 环境程序

以下程序以首字母为顺序逐一列出。需要注意的是某些程序既包括环境计算也包括电子输运计算，但是仅在一处予以列出。

C.1.1 AE8/AP8

NASA 的 AE8（电子）及 AP8（质子）辐射带模型是传统的地球辐射环境电子与质子模型。用 AE8 模型对 GEO 轨道环境进行预测是最常用的预估平均环境状态的方式。在该程序中，通量是长期平均值（约等于或者大于 5 年）。每个模型存在两个版本：AE8 太阳活动低年与 AE8 太阳活动高年以及 AP8 太阳活动低年与 AP8 太阳活动高年。这些程序不能预测本手册中介绍的内部充电计算所需的电子通量峰值。Garrett 对 AE8/AP8 模型的输出以及相关问题进行了综述[1]（注：本手册出版的时候，新一代 AE9/AP9 辐射模型刚刚发布beta 测试版）。

C.1.2 CRRES

从 1990 年 7 月开始，CRRES 对大椭圆轨道上的地球辐射带进行了 14 个月的监测。该航天器的数据包括作为时间与高度的函数的电子与质子通量和剂量－深度曲线。CRRES 的环境程序包括CRRESRAD（剂量与深度）、CRRESPRO（质子通量能谱）和CRRESELE（电子通量能谱）。可从美国空军研究实验室（AFRL）获取此程序。

C.1.3　内部充电通量模型（FLUMIC）

FLUMIC 是 ESA 开发的，包含在英国国防评估与研究局（DERA）的内部充电威胁分析工具包（DICTAT）中，是描述与位置相关的最恶劣情况外辐射带电子通量模型[2]。DICTAT 用户手册对 FLUMIC 程序进行了说明，该手册可以从下列网址下载：http://www.spenvis.oma.be/help/models/dictat.html。

C.1.4　GIRE/SATRAD

GIRE 及 SATRAD 环境模型分别用于估算木星及土星磁层平面外辐射环境中航天器受到的辐射情况。要求将"时间-位置"轨迹作为程序输入。该程序是 NASA/JPL 开发的。可以从下列网址获取源程序以及输入/输出示例：http://www.openchannelfoundation.org/projects/GIRE 和 /SATRAD。

C.1.5　地球物理与空间环境手册

Jursa 的地球物理和空间环境手册[3]是空间环境方面优秀的、值得推荐的参考文献，包含了地球的等离子体环境。尽管是 1985 年完成的，但其所包含内容延用至今。

C.1.6　L2 带电粒子环境（L2-CPE）

L2-CPE 是一个工程工具包，提供远磁尾、磁鞘和太阳风等自由场中的带电粒子环境。L2-CPE 用于评估低能辐射环境（~0.1 keV 至数 MeV）对运行在日地 L2 点处的航天器上的薄材料的辐射剂量。参考文献 [4] 介绍了最新版的 L2-CPE 模型，包括用于统筹太阳风、磁鞘和磁尾中的等离子体环境的模型结构；用于估算零星采样环境中的辐射注量算法；用于更新图形用户界面（GUI）以及通量与注量环境的输出选项。关于模型的相关信息可以从 J.I. Minow（Joseph.I.Minow@nasa.gov）处获得。其他文献包括参考文献[5-7]。

C.1.7　MIL – STD – 1809，USAF 空间飞行器的空间环境

估算粒子通量的另一个模型是 MIL – STD – 1809[8]。包括估算 IESD 的电子输运程序中所用的电子谱，还包括书中所述空间环境的补充信息。

C.1.8　地球同步轨道等离子体模型

参考文献［9］采用 ATS – 5 航天器的数据生成了一种简单的模型，用于仿真分析地球同步轨道等离子体环境所需的各种参数。该模型是基于每日世界地磁活动 A_p 指数和地方时建立的。尽管基于有限的 ATS – 5 数据集，但还是对注入事件期间热等离子体（50 eV ~ 50 keV）中电子和离子的同步变化进行了充分的仿真模拟。模型开发的目的主要是为了估算阴影区绝缘表面的电位变化。这种仿真模型还可以用来了解各种情况下的地球同步轨道等离子体环境特性。该模型已通过 ATS – 6 和 SCATHA 的数据进行了扩展。可以联系 Henry Garrett（邮箱 henry.b.garrett@ jpl.nasa.gov，电话 818-354-2644）获得该模型的最新版本。

C.1.9　其他

还可选择 Severn 通信公司所提供的空间辐射环境数据（包括 AP8 及 AE8）。可通过其网站搜索与查找相关人员发表的各种空间环境论文。如 C.2.9 节所述，可从下列网址获得空间环境信息系统（SPENVIS）提供的在线空间环境手册：http://www.spenvis.oma.be/。

C.2　输运程序

注意，某些程序同时包括了环境与输运计算，但是仅在一处列出。

C.2.1 CREME96

CREME96 是一套网络工具包（https://creme-mc.isde.vanderbilt.edu/），其中包含了下列相关的分析功能：

1) 创建近地轨道中电离辐射环境的数值模型：

· 银河宇宙线（GCR）；

· 异常宇宙线（ACR）；

· 太阳高能粒子（SEP）；

· 地磁捕获粒子。

2) 评估相关辐射对于航天器及高空飞机电子系统的影响：

· 总电离剂量（TID）；

· 位移损伤剂量（DDD）；

· 单粒子效应（SEEs），包括单粒子翻转事件（SEUs）。

3) 估算载人飞船内的线性能量转移（LET）辐射环境。

其 TRANS 模块仅适用于一维和铝屏蔽情形。

C.2.2 EGS4

EGS4 是基于蒙特卡罗方法的输运程序。主要用于电子束试验仿真。使用方便，采用的是经过验证的物理模型，但是几何建模能力有限，且不包含空间环境。最近，EGS4 对功能进行了一些改进。参考文献 [10 - 12] 中包含了一些补充信息。该程序的网址为：http://www.irs.inms.nrc.ca/EGSnrc/EGSnrc.html。

C.2.3 Geant4

Geant4 是欧洲开发的类似于 MCNPX 的程序。Geant 粒子输运程序协作群体，是前所未有的一次国际间辐射相互作用建模协作模式，各种组织与机构为软件包提供了特定的分析组件。Geant4 是用于仿真粒子在物质输运的专用计算机工具集合。其应用领域包括高能粒子、原子核及加速器物理，以及医疗、空间科学等。物理研究中的核仪器与方法（Nuclear Instruments and Methods in Physics Research）[13]以及电气电子工程师学会（IEEE）的原子核科学学报（Transactions on Nuclear Science）[14]发表了关于 Geant4 的两篇主要参考论文。本程序及其衍生程序可能构成了目前最为精细（因而也最为复杂）的模拟工具包，其中涵盖了包括空间辐射影响在内的诸多问题，因此学习该程序的难度较大。目前有学习该程序的专门教程和研讨班。Geant4 的网址如下：http://geant4.web.cern.ch/geant4/。

C. 2. 4　ITS

ITS 程序主要涉及电子通量及能量沉积情况，而且已经通过试验进行了验证。本手册建议将其作为电子能量沉积计算的首选程序。为了处理圆柱体以及平板等简单的几何形状，已经对某些程序包进行了简化处理。该程序不包含电场诱发电导率参数。可联系橡树岭国家实验室 辐射屏蔽信息计算中心（RSICC）获得该程序。一个网站来源为：http://rsicc.ornl.gov/codes/ccc/ccc4/ccc-467.html。另外一个则是：http://prod.sandia.gov/techlib/accesscontrol.cgi/2004/045172.pdf。

ITS3.0 包含三套采用蒙特卡罗方法的辐射输运程序，分别是：TIGER（1-D）、CYLTRAN（2-D）和 ACCEPT（3-D）。此类程序主要处理电子与质子。

C. 2. 5　MCNP/MCNPE

MCNP 是基于蒙特卡罗方法的辐射输运程序，适用于中子、光子和电子，最初是用于开展中子/光子输运研究。本程序采用了各种几何形状与输入/输出选项。不过，对于空间环境应用而言，其计算速度有些缓慢。

MCNPX 主要基于 MCNP，而且还具有处理中子、反中子、光子、电子、正电子、μ子、反μ子、电子中微子、反电子中微子、质子、反质子、正π介子、负π介子、中性π介子、正K介子、负

K 介子、中性长 K 介子、氘核、氚核、氦 3 以及氦 4（α 粒子）的能力。用于质子输运计算时，次级粒子的产生是非常重要的。

MCNP/MCNPE 是 MCNP 的修改版，包括电子输运项，可用于确定航天器复杂几何形状中的电子通量。MCNP 可对中子、光子与电子输运进行复杂的蒙特卡罗 3D 建模。MCNPE 可对中子、光子与电子输运进行 3D 建模。二者都具有强大的几何形状适用功能，但是输运至较深的深度可能导致计算机运行时间过长，而且结果存在极大的不确定性。在较浅的深度位置（最多可达 600 mil 铝材厚度），最好采用 ITS 等程序。本程序处于持续更新状态，建议通过相关网站获取最新信息。网址为：http://mcnp‐green.lanl.gov/index. html。目前最新版本的程序为 MCNP‐4B[15]。

C.2.6　NOVICE

NOVICE 是一种带电粒子辐射输运程序。采用了蒙特卡罗伴随矩阵技术，特别是可对用户指定的 3D 屏蔽层几何形状中的粒子通量进行建模。NOVICE 采用了内外粒子跟踪算法。本程序主要处理电子、光子、质子以及重离子（$Z \geqslant 2$）。可以处理相当复杂的几何形状，而且速度快，使用简便。不过，未考虑次级粒子。联系人：Thomas Jordan，地址：Experimental and Mathematical Consultants，P. O. Box 3191, Gaithersburg, Maryland（MD），20885，电话：301‐869‐2317。NOVICE 还包括电子沉积计算的相关程序[16]。

C.2.7　NUMIT

NUMIT 最初是 A. R. Frederickson 开发的，用于评估电介质内部充电的一维计算机程序。该程序假设单能光子和电子辐照电介质材料的一侧，通过迭代法求解方程组，计算电介质中依赖于时间的电流、电压以及电场。联系人：Wousik Kim 博士，地址：Jet Propulsion Laboratory, Mail Stop 122‐107, Pasadena, California（CA）91109。

C. 2. 8　SHIELDOSE

SHIELDOSE 是一个带电粒子辐射输运程序，用于计算平板及球形屏蔽几何形状的内部剂量。还可以计算特定铝质屏蔽几何形状中某些探测材料的吸收剂量。详情参见参考文献 [2，7]。参考网址：http://modelweb.gsfc.nasa.gov/magnetos/shield.html。

C. 2. 9　SPENVIS/DICTAT

SPENVIS/ DICTAT 是用于航天器内部充电分析的程序包，可以从以下网址获取：http://www.spenvis.oma.be/spenvis/ 以及 http://www.spenvis.oma.be/spenvis/help/background/charging/dictat/dictatman.html。

DICTAT 计算了穿过导体屏蔽层并且在电介质中沉积的电子流[18]。通过沉积的电荷可以得出电介质内部的最大电场。将该电场与电介质的击穿电场进行对比，分析材料是否存在 ESD 风险。

SPENVIS 是一个基于网站的工具套件，用于近地空间环境及效应分析，可以生成航天器轨迹或者坐标矩阵。除了 DICTAT 模型之外，还具备下列分析功能：

1）俘获质子、电子通量与太阳质子注量；

2）辐射剂量（电离与非电离）；

3）硅以及砷化镓太阳电池的等效损伤注量；

4）LET 谱与 SEU 翻转率；

5）俘获质子的各向异性通量；

6）大气层与电离层密度及温度；

7）原子氧腐蚀；

8）GIRE 木星辐射带模型。

C. 2. 10　TRIM

TRIM 是基于蒙特卡罗方法的一维辐射输运程序，适用于质子和重离子。主要用于质子与重离子束仿真，覆盖了所有的种类的重离子。但是，仅限于一维的平板几何形状，而且仅考虑了库仑相互作用。

C.2.11 汇总

上述输运程序旨在估算内部电荷沉积，这是分析 IESD 概率的一个主要步骤。表 C－1 针对主要分析程序列出了一些 IESD 特定充电参数的对比情况。DICTAT 与 NUMIT 程序估算了材料中电场的累积情况，而 TIGER、Geant 及 MCNPX 只对材料一定深度中的通量（和注量）进行计算。

表 C－1 主要输运程序特性

规范名称	是否计算 电子沉积	是否可用 于 IESD	是否推荐用 于 IESD 计算	是否计算 电场	是否采用了 RIC 或者电导率
DICTAT	—	?	是	是	—
EGS4	是	?	否?	—	—
Geant4	是	是	否	否	否
ITS	是	是	否	否	否
MCNPX	是	是	否	—	—
NUMIT	否	否?	是	是	是

C.3 充电程序

这些程序通常用于计算表面充电、电位、电场以及与航天器充电总体问题密切相关的其他参数。请根据需求选择最适合的一个或多个程序。

C.3.1 EWB

EWB 程序采用最简单的等离子体、空间环境及其相互作用模型，预测各种空间环境效应（例如：其中包括 LEO 航天器浮动电位）。本程序受到国际武器贸易条例（ITAR）的限制。详情参见：http://see.msfc.nasa.gov。

C. 3. 2 MUSCAT

MUSCAT 是日本开发的预测充电电位的计算机程序[19]，其功能类似于 NASA 充电分析程序（NASCAP）。

C. 3. 3 Nascap–2k 及 NASCAP 系列充电程序

Nascap–2k 是广泛使用的研究三维空间中等离子体与真实航天器相互作用的工具包，可对稀薄（例如：GEO 轨道或者行星际任务）和稠密（例如：LEO 轨道以及极光）等离子体环境中发生的相互作用进行建模[20,21]。其功能包括地球同步轨道与行星际轨道的表面充电，LEO 轨道的鞘状结构、尾流及电流收集，以及极光充电。采用有限元方法，针对网格结构计算外部电位分布及粒子轨迹，并且可在 Nascap–2k 界面中对其进行可视化处理。空间电荷可通过粒子轨道解析自洽地处理，或者与输入的羽流密度保持一致的方式进行处理。提供了粒子网格（PIC）功能来研究动态等离子体的影响。表面充电计算中包括了表面材料特性。通过定位出某一特定设计中的高风险表面电位梯度，可以显示出何处可能出现放电现象。然后可以对此类区域内表面材料或者涂层的变化影响进行评估，从而将电压梯度降至最低程度。

Nascap–2k 是成功地应用于地球同步轨道充电分析（NASCAP/GEO）、低轨道充电分析（NASCAP/LEO）、POLAR 和动态等离子体分析（DynaPAC）的程序。自 1980 年以来，NASCAP/GEO 已经成为稀薄等离子体环境中航天器充电计算的标准三维工具。在此后的 20 年内，开发了 NASCAP/LEO、POLAR 以及 DynaPAC 三维计算机程序，用于解决其他各种航天器与等离子体相互作用的问题。Nascap–2k 几乎采用了早期程序的所有物理与数值模型。

Nascap–2k 仅可提供给提出相关申请的美国公民。可访问的网站：http://see.msfc.nasa.gov。

C.3.4 SEE 交互式航天器充电手册

SEE 交互式航天器充电手册是非专业类型的交互式航天器充电程序。可计算地球同步轨道与极光区航天器的表面充电问题，其中还包括与高能（MeV）电子沉积相关的内部充电问题。该程序包括了 8 种评估建模工具：地球同步轨道环境、极光环境、俘获带环境、材料性质、单一材料表面充电、多种材料表面充电、三维表面充电，以及内部充电。可以通过下列网址获取程序：http://see.msfc.nasa. gov。联系方式：barbara.m.gardner@ saic.com。

C.3.5 SPIS

SPIS 项目旨在开发一套航天器与等离子体相互作用，以及航天器充电建模专用的软件工具包。SPIS 目前正在开发一套充电程序，包括了各种电路参数，可以模拟充电与放电电流随时间的变化。该项目始于 2002 年 12 月，三个主要目标为：

1) 构建需要开发的 SPIS 的架构；

2) 实现程序的物理模块；

3) 组织并且协调航天器等离子体相互作用网络（SPINE）社团。

整个项目在 SPINE 框架下开展。依照 ESA 合同的相关规定，法国国家航天研究中心（ONERA）/空间环境部（DESP）、Artenum 公司、巴黎第七大学负责项目的第一阶段开发工作。可以从下列网址获取进一步的信息：http://dev.spis.org/projects/spine/home/spis。

参 考 文 献

[1] H. B. Garrett, Guide to Modeling Earth's Trapped Radiation Environment, vol. AIAA G – 083 – 1999, ISBN 1 – 56347 – 349 – 6, American Institute of Aeronautics and Astronautics, Reston, Virginia, 55 pages, 1999.

[2] D. J. Rodgers, K. A. Hunter, and G. L. Wrenn, "The FLUMIC Electron Environment Model," presented at The 8th Spacecraft Charging Technology Conference, Huntsville, Alabama, October 20 – 24, 2004.

[3] A. Jursa, ed. , Handbook of Geophysics and the Space Environment, Air Force Geophysics Laboratory, U. S. Air Force, National Technical Information Service Document, Accession No. AD – A167000, 1985. xxx Additional reading for the space environment and interactions with spacecraft. An excellent reference for Earth space plasma environments as well as many other space environments.

[4] J. I. Minow, A. Diekmann, and W. Blackwell, Jr. , "Status of the L2 and Lunar Charged Particle Environment Models," presented at The 45th AIAA Aerospace Sciences Meeting and Exhibit, Reno, Nevada, AIAA paper 2007 – 0910, 2007.

[5] J. I. Minow, W. C. Blackwell, Jr. , L. F. Neergaard, S. W. Evans, D. M. Hardage, and J. K. Owens, "Charged Particle Environment Definition for NGST: L2 Plasma Environment Statistics," Proceedings of SPIE 4013, UV, Optical, and IR Space Telescopes and Instruments VI, pp. 942 – 953, 2000.

[6] J. I. Minow, W. C. Blackwell, Jr. , and A. Diekmann, "Plasma Environment and Models for L2," presented at The 42nd AIAA Aerospace Sciences Meeting and Exhibit, Reno, Nevada, AIAA Paper 2004 – 1079, 2004.

[7] J. I. Minow, L. N. Parker, and R. L. Altstatt, "Radiation and Internal Charging Environments for Thin Dielectrics in Interplanetary Space," The 9th Spacecraft Charging Technology Conference, Tsukuba, Japan, April 2005.

[8] Space Environment for USAF Space Vehicles, MIL – STD – 1809 (USAF), United States Air Force, 69 pages, February 15, 1991.

[9] H. B. Garrett and S. E. DeForest, "Analytical Simulation of the Geosynchronous Plasma Environment," Planetary and Space Science, vol. 27, pp. 1101 – 1109, 1979.

[10] W. R. Nelson, H. Hirayama, and D. W. O. Rogers, The EGS4 Code System, SLAC – 265, Stanford Linear Accelerator Center, Stanford University, Stanford, California, December 1985.

[11] J. A. Hableib, R. P. Kensick, T. A. Melhorn, G. D. Valdez, S. M. Seltzer, and M. J. Berger, ITS 3.0: Integrated Tiger Series of Coupled Electron/Photon Monte Carlo Transport Codes, The Radiation Safety Information Computational Center, Oak Ridge, Tennessee, November 1994. Provides additional information on ITS.

[12] A. F. Bielajew, H. Hirayama, W. R. Nelson, and D. W. O. Rogers, "History, Overview and Recent Improvements of EGS4," presented at Radiation Transport Calculations Using the EGS4 Conference, Capri, Italy, 1994.

[13] S. Agostinelli, J. Allison, K. Amako, J. Apostolakis, H. Araujo, P. Arce, M. Asai, D. Axen, S. Banerjee, G. Barrand, F. Behner, L. Bellagamba, J. Boudreau, L. Broglia, A. Brunengo, H. Burkhardt, S. Chauvie, J. Chuma, R. Chytracek, G. Cooperman, G. Cosmo, P. Degtyarenko, A. Dell′ Acqua, G. Depaola, D. Dietrich, R. Enami, A. Feliciello, C. Ferguson, H. Fesefeldt, G. Folger, F. Foppiano, A. Forti, S. Garelli, S. Giani, R. Giannitrapani, D. Gibin, J. J. Gómez Cadenas, I. González, G. Gracia Abril, G. Greeniaus, W. Greineraf, V. Grichinef, A. Grossheim, S. Guatelli, P. Gumplinger, R. Hamatsu, K. Hashimoto, H. Hasui, A. Heikkinen, A. Howard, V. Ivanchenko, A. Johnson, F. W. Jones, J. Kallenbach, N. Kanaya, M. Kawabata, Y. Kawabata, M. Kawaguti, S. Kelner, P. Kent, A. Kimura, T. Kodama, R. Kokoulin, M. Kossov, H. Kurashige, E. Lamanna, T. Lampén, V. Lara, V. Lefebure, F. Lei, M. Liendl, W. Lockman, F. Longo, S. Magni, M. Maire, E. Medernach, K. Minamimoto, P. Mora de Freitas, Y. Morita, K. Murakami, M. Nagamatu, R. Nartallo, P. Nieminen, T. Nishimura, K. Ohtsubo, M. Okamura, S. O′

Neale, Y. Oohata, K. Paech, J. Perl, A. Pfeiffer, M. G. Pia, F. Ranjard, A. Rybin, S. Sadilov, E. DiSalvac, G. Santin, T. Sasaki, N. Savvas, Y. Sawada, S. Scherer, S. Sei, V. Sirotenko, D. Smith, N. Starkov, H. Stoecker, J. Sulkimo, M. Takahata, S. Tanaka, E. Tcherniaev, E. S. Tehruig, M. Tropeano, P. Truscott, H. Uno, L. Urban, P. Urban, M. Verderi, A. Walkden, W. Wander, H. Weber, J. P. Wellisch, T. Wenaus, D. C. Williams, D. Wright, T. Yamada, H. Yoshida, and D. Zschiesche. , "Geant4 - A Simulation Toolkit," Nuclear Instruments and Methods in Physics Research, vol. A, no. 506, pp. 250 - 303, 2003.

[14] J. Allison, K. Amako, J. Apostolakis, et al. , "Geant4 Developments and Applications," IEEE Transactions on Nuclear Science, vol. 53, no. 1, pp. 270 - 278, 2006.

[15] J. F. Briesmeister, ed. , "MCNP - 4B: A General Monte Carlo N - Particle Transport Code, Version 4B," Report Number LA - 12625 - M, Los Alamos National Laboratory, New Mexico, March 1997.

[16] T. M. Jordon, NOVICE: A Radiation Transport/Shielding Code; User's Guide, Experimental and Mathematical Physics Consultants, Gaithersburg, Maryland, January 2, 1987.

[17] S. M. Seltzer, SHIELDOSE: A Computer Code for Space - Shielding Radiation Dose Calculations, NBS Technical Note 1116, National Bureau of Standards (now National Institute of Standards and Technology), U. S. Government Printing Office, Washington, District of Columbia, 1980.

[18] J. Sorensen, D. J. Rodgers, K. A. Ryden, P. M. Latham, G. L. Wrenn, L. Levey, and G. Panabiere, "ESA's Tools for Internal Charging," IEEE Transactions on Nuclear Science, vol. 47, no. 3, pp. 491 - 497, June 2000. A published reference for DICTAT.

[19] S. Hosoda, S. Hatta, T. Muranaka, J. Kim, N. Kurahara, M. Cho, H. Ueda, K. Koga, and T. Goka, "Verification of Multi - Utility Spacecraft Charging Analysis Tool (MUSCAT) via Laboratory Test," presented at The 45th AIAA Aerospace Sciences Meeting and Exhibit, Reno, Nevada, January 8 - 11, AIAA 2007 - 278, 2007.

[20] M. J. Mandell, V. A. Davis, B. M. Gardner, I. G. Mikellides, D. L.

Cooke, and J. Minor, "Nascap - 2k—An Overview," Transactions on Plasma Science, vol. 34, no. 5, pp. 2084 - 2093, 2006.

[21] V. A. Davis, M. J. Mandell, B. M. Gardner, I. G. Mikellides, L. F. Neergaard, D. L. Cooke, and J. Minow, "Validation of Nascap - 2k Spacecraft - Environment Interactions Calculations," presented at 8th Spacecraft Charging Technology Conference, Huntsville, Alabama, in NASA Technical Reports Server, 2004.

附录 D 内部充电分析

本附录介绍了内部充电分析，表面充电分析见附录 G。

D.1 电介质充电的物理原理

如前所述，电介质材料内部充电问题的计算过程，类似于包含内部电荷的表面充电计算过程。基本问题是针对某感兴趣体积单元，采用一组自洽的方程组计算电场和电荷密度。换言之，用泊松方程结合电荷守恒方程求解。下式为泊松方程（一维）

$$\frac{\partial [\varepsilon(x)E(x,\ t)]}{\partial x} = \rho(x,\ t) \tag{D-1}$$

电荷守恒方程（一维）

$$\frac{\partial \rho(x,\ t)}{\partial t} = -\frac{\partial [J_c(x,\ t) + J_R(x,\ t)]}{\partial x} \tag{D-2}$$

欧姆定律（适用于电子为载流子情况）

$$J_c(x,\ t) = \sigma(x,\ t)E(x,\ t) \tag{D-3}$$

上述方程可以合并为

$$\frac{\partial [\varepsilon(x)E(x,\ t)]}{\partial t} + \sigma(x,\ t)E(x,\ t) = -J_R(x,\ t) \tag{D-4}$$

式中 E——x 位置 t 时刻的电场；

ρ——x 位置 t 时刻的电荷密度；

σ——电导率，单位为 $(\Omega \cdot cm)^{-1} = \sigma_0 + \sigma_r$；

σ_0——暗电导率；

σ_r——辐射诱发导电性；

$\varepsilon = \varepsilon_0 \varepsilon_r$；

ε_0——真空介电常数 = 8.854 2×10^{-12} F/m;

ε_r——相对介电常数;

J_R——入射粒子通量(电流密度),其中 $-\partial J_R / \partial x$ 为在位置 x 处的电荷沉积率;

J_c——在 x 位置由于暗电导率引起的粒子通量(电流密度)。

该方程从泊松方程与电流连续性方程导出,其中,总电流包括入射电流 J_R(一级与二级入射粒子)以及传导电流 σE。在 t 时刻通过求解该方程得到电介质中 x 位置的电荷变化情况,然后继续对下一时刻进行求解,沿着时间步长逐步计算,最终得到电荷与电场随时间的变化关系。

在电容两极之间施加初始电场 E_0,假定 σ 和 J_R 不随时间变化,上述方程的近似解为

$$E = E_0 \exp(-\sigma t / \varepsilon) + \frac{J_R}{\sigma}[1 - \exp(-\frac{\sigma t}{\varepsilon})] \qquad (D-5)$$

式中 E_0——$t=0$ 时刻施加的电场。

这是真实情况的简单近似值,因为几何形状、电导率与入射电流随时间的变化以及其他因素导致必须采用数值解法。但是,可以用时间常量($\tau = \varepsilon/\sigma$)表征电介质内部初始电场 E_0 随着时间增加趋于平衡电场 J_R/σ,式中 $\sigma = \sigma_0 + \sigma_r$。对于电导率 $10^{-16} < \sigma < 10^{-14}$ $(\Omega \cdot m)^{-1}$ 的介质,τ 的典型值范围为 10 s 至 10^3 s。如果辐射剂量率很高(导致辐射诱发电导率 σ_r 增大),则电介质内部电场迅速达到平衡状态。在辐射剂量率较低区域,如果时间常数较大(暗电导率 σ_0 支配),则电场需要较长时间才能达到平衡状态。

宽能谱带电粒子辐射下的电介质中峰值电场(E_{max})可用下式估算[1]

$$E_{max} = \frac{A/k}{1 + \sigma/kD} \sim \frac{A}{k} \qquad (D-6)$$

式中 A——常数,其值为 10^{-8} s·V/Ω·rad·m^2;

k——辐射诱发电导率系数,单位为 s/m·Ω·rad;

D——平均剂量率，单位为 rad/s。

第二个近似是高入射粒子通量条件下辐射诱发电导率 σ_r 的近似值为[1]

$$\sigma_r \sim kD^\delta \qquad\qquad (D-7)$$

式中，对于高入射粒子通量，$\sigma_r > \sigma_0$，且 $\delta \sim 1$。当解析解存在时，该方程与其结果一致，且适用部分复杂情况的求解。对于聚合物而言，k 的典型数值为 $10^{-16} < k < 10^{-14}$。代入 k 值，E_{max} 变化范围在 $10^6 \sim 10^8 \text{V/m}$，达到电介质击穿电场强度。

上述分析引入多个重要概念。首先，通过给介电表面充电，并测定电荷泄漏时间常数 τ（无辐射诱发导电（RIC）情况下），可以根据 $\sigma_\tau = \tau\varepsilon$ 估算出 σ_0。如果存在辐射诱发电导率，则 τ 表征辐射诱发电导率 σ_r 泄漏电荷的速度。方程表明了辐射诱发电导率 σ_r 与剂量率成正比。最后，上述方程可以用来估算电介质是否会累积足够的电荷导致放电产生，这是我们关注的关键问题。

D.2　内部充电简单分析

下面给出了一个简单、保守地分析沉积在 GEO 轨道航天器电介质材料内的电流通量的例子（表 D-1）。该分析结果与 TIGER 程序的计算结果误差在 40% 以内，可为航天器内部充电问题提供初步评估。如果简单分析表明通量接近于设计限值，则应采用复杂的分析程序来确定是否真正超过了标准。事实上，如果简单分析表明存在一定问题，那么应当尽可能改变关注区域的设计方案，或者进行内部充电防护。示例给出了 10 mil 厚度铝板下方 10 mil 厚度 Teflon® 的电子通量。图 2-3 给出了平均穿透深度随能量的变化关系，图 2-6 则给出了通量随能量的变化关系。表 6-1 与表 6-2 给出了材料密度。

本例子计算了入射和透射每层材料的电子通量；二者差值即为该层中沉积的电子通量。对于电介质而言，如果沉积电流密度

>0.2 pA/cm²，则应该考虑潜在的放电风险，进一步开展更详细准确的分析。在图 2-3 中，10 mil 的铝需要能量 250 keV 电子方可穿透。Teflon® 密度是铝的 78%（表 6-1），因此，10 mil 的 Teflon® 与 7.8 mil 的铝等效，能量超过 300 keV 的电子可以穿透 17.8 mil 等效厚度铝。在图 2-6 所示的最恶劣 GEO 电子环境下，进入 Teflon® 的电子通量大约为 $6×10^6$ e/cm²·s·Sr，而穿出的电子通量则大约为 $4.5×10^6$ e/cm²·s·Sr，因此 Teflon® 中沉积电子通量为 $1.5×10^6$ e/cm²·s·Sr。等效垂直入射通量要大于全向入射通量，在示例中，10 mil 铝屏蔽下垂直入射通量大约为全向入射通量的三倍，再转换为电流则需要乘以 $1.602×10^{-19}$ A/e·s，因此，10 mil 厚度 Teflon® 的沉积电流密度约为 0.72 pA/cm²。

表 D-1　内部充电简单分析例子

电子通量	穿透能量	出射积分通量
穿透 10 mil 铝	大约 250 keV	$6×10^6$ e/cm²·s·Sr
穿透 10 密耳 Teflon®（等效于 7.8 mil 铝，故总厚度 17.8 mil）	大约 300 keV	$4.5×10^6$ e/cm²·s·Sr
Teflon® 的沉积电子通量	$J_1 = (6-4.5) ×10^6$ e/cm²·s·Sr = $1.5×10^6$ e/cm²·s·Sr	
转换至垂直入射通量	$J_2 ≈ J_1 ×3 = 1.5×3×10^6$ e/cm²·s = $4.5×10^6$ e/cm²·s	
将通量转换为 Teflon® 中的电流	$I = 1.602×10^{-19} × 4.5×10^6 = 0.72$ pA/cm²	

根据图 2-5 以及 3.2.3.2.2 节的相关内容，示例中 Teflon® 样品的沉积电流密度超过了 0.1 pA/cm² 的安全范围。因此，该样品有出现放电现象的可能。需要在该样品上方采用超过 10 mil 等效铝厚度的屏蔽，以便将 Teflon® 样品的沉积电流密度降至 0.1 pA/cm² 以下。

注：本节的分析采用了 0.1 pA/cm² 的沉积通量作为标准，而非其他章节采用的 0.1 pA/cm² 的入射通量。该标准不如采用入射电流密度为标准保守。0.1 pA/cm² 的通量经过 10 小时积累，沉积的电荷

密度为 2×10^{14} e/m^2，依照本段采用的标准，如果所有电子都停留在材料内部，则会产生强度为 2×10^6 V/m（$\varepsilon_r = 2$）的电场。更为保守的标准是入射通量为 0.1 pA/cm^2，因为该情况下不是所有入射电子均停留在材料中。参考文献［2］对高阻值材料 10 小时累积通量的标准提出了质疑。

D.3 详细分析

详细分析应当采用附录 B 和 C 中列出的各种模型与工具进行，以便确定电荷沉积率（通量与注量），并通过分析来确定沉积电荷是否能引起击穿放电（ESD）。具体的程序，例如 NUMIT 和 DICTACT，已经被开发出来用于确定受到辐照后电介质的电场变化。对于受到高通量辐照的良好绝缘体，电场强度会最终达到并且稳定在 10^5 V/cm左右，而很少会达到 10^6 V/cm。

电介质材料的电导率是评估内部充电的关键参数，但通常缺乏该参数而导致无法进行有意义的计算。为了获得正确结果，应当了解辐射条件、温度和真空对电导率的影响，以便开展有意义的详细分析。尽管如此，放电脉冲幅度与放电频率仍无法准确预测。

作为比较，我们采用计算机程序来重新计算先前的简单示例。Teflon® 中的电子通量计算结果仅为简单分析结果的 40%。这表明，简单分析结果放大了 2.5 倍，即简单分析相对保守，仅可以作为参考。

注：TIGER 计算结果表明：钽材料会在表面反射部分电子，因此，简单分析将导致比实际情况更高的电子沉积通量（我们示例中的沉积通量是 TIGER 计算通量的两倍）。此外，其他物理过程还可能对结果有影响。

D.4 航天器级分析

航天器级分析主要用于预测航天器内部的电流密度（注量），可以通过辐射软件完成该任务。通常采用 3D 粒子输运程序追踪计算穿透航天器屏蔽层达到目标位置的高能粒子。这类程序输出的一般是特定材料（通常是 Si）的辐射剂量沉积。一些电脑程序采用电子能谱和航天器几何结构作为输入条件来确定特定位置的粒子通量和辐射剂量（附录 C）。当得到航天器内部辐射粒子通量分布后，各个位置通量水平将与阈值水平比较。如果计算得到的通量超过阈值，则进行具体部件通量分析。如果仪器盒内部的通量水平仍超过标准，则应当考虑进行额外的屏蔽。

内部放电（IESD）的阈值标准是 10 小时内平均束流密度不超过 0.1 pA/cm^2。如果满足这一标准的要求，则通常不容易出现内部充电问题。

D.4.1 剂量与通量之间的转换

如果已经计算出辐射剂量，或者辐射剂量较容易计算时，可以采用一个简单的近似，把辐射剂量（Si 材料）的计算结果转换成电子的注量/通量。剂量与通量之间的转换关系如下所示[3,4]：

$$积分通量（e/cm^2）= 2.4 \times 10^7 \times 剂量（rad[Si]）\quad (D-8)$$

虽然真实情况下，转换系数会随着能量变化，但上述方程对能量 0.2 MeV~30 MeV 范围内的电子均有效。这一能量范围足以应用于空间电子环境的多数内部充电评估，同时也可以用于更低能量的评估，但会丧失一定的精度。

由于上述简单转换的结果通常具有一定保守性（预测的电子积分通量超过实际数值），因此采用该评估公式将会导致保守设计，进而加大成本。Coakley[5] 在论文中指出，416-krad 剂量等同于 $2 \times 10^{13} \text{ e/cm}^2$ 积分通量，或者积分通量（e/cm^2）$= 5 \times 10^7 \times$ 剂量（rad[Si]），这是方程（D-8）的两倍。

参 考 文 献

[1] A. R. Frederickson, D. B. Cotts, J. A. Wall, and F. L. Bouquet,
     Spacecraft Dielectric Material Properties and Spacecraft Charging, AIAA
     Progress in Astronautics and Aeronautics, vol. 107, American Institute of
     Aeronautics and Astronautics, Washington, District of Columbia, 1986.
     Contains dielectric properties data, especially relating to spacecraft charging.
     Worth obtaining and reading.

[2] M. Bodeau, "High Energy Electron Climatology that Supports Deep Charging
     Risk Assessment in GEO," AIAA 2010 - 1608, The 48th AIAA Aerospace
     Sciences Meeting, Orlando, Florida, 2010. A fine work with good concepts,
     explained and illustrated with actual space data, and estimates of fluence
     accumulation versus material resistivity. Bodeau challenges the 0. 1 pA/cm2
     and 10 hr flux integration guidelines.

[3] E. P. Wenaas, M. J. Treadaway, T. M. Flanagan, C. E. Mallon, and R.
     Denson, "High - Energy Electron - Induced Discharges in Printed Circuit
     Boards," IEEE Transactions on Nuclear Science, vol. NS - 26, no. 6, pp.
     5152 - 5155, 1979.

[4] J. W. Haffner, G. Gigas, J. E. Bell, D. T. Butcher, R. A. Kjar, C. T.
     Kleiner, and G. C. Messenger, The Effects of Radiation on the Outer Planets
     Grand Tour, SD 71 - 770, NASA - CR - 127065, Jet Propulsion Laboratory,
     Pasadena, California, 316 pages, November 1971.

[5] P. Coakley, Assessment of Internal ECEMP with Emphasis for Producing
     Interim Design Guidelines, JAYCOR Report, AFWL - TN - 86 - 28, Air
     Force Weapons Laboratory, at Kirtland Air Force Base, New Mexico, June
     1987. 171 .

附录 E 试验方法

本附录简要介绍了用于电介质充电问题研究的试验方法，内容主要涉及电介质材料试验，较少涉及部件、子系统以及系统试验。具体的细节，例如：试验等级、试验环境、仪器量程、烘烤时间、是否符合标准等，应在每个试验中加以考虑。在试验前对材料进行真空烘烤（老化）处理是十分必要的，因为材料在空间环境下，其吸收的水分和其他导电小分子会逐渐挥发，导致电阻率等参数发生变化。

E.1 电子束试验

电子束试验主要用于测试航天器上较小的单元。此类试验可以用于确定材料样品是否会在给定的电子环境中出现放电现象，并且可以测量放电产生的 ESD 幅度。电子束试验的优点在于，该试验方法具有部分真实性，电子可以被加速到一定能量，进而穿透或沉积在实验人员预期的深度位置附近。该试验方法的缺点是电子束通常为单能，而不是像空间环境中那样具有能谱分布，单能电子的沉积深度相对集中，而非分布在整个受辐照材料内。通常，试验样品的面积小于 $10^3\,\mathrm{cm}^2$。实际大小的材料通常无法试验，这种情况下只能通过缩比试验去评估实际威胁。电子束试验的典型设置如图 E-1 所示。

电子源应当达到规定的能量（通常用 keV 或 MeV 表示）和束流强度（通常用 $\mathrm{pA/cm}^2$ 或 $\mathrm{e/cm}^2\cdot\mathrm{s}$ 表示，$1\,\mathrm{pA/cm}^2 = 6.242\times10^6\,\mathrm{e/cm}^2\cdot\mathrm{s}$）。图 E-1 中的试验样品为背面接地，部分试验可能会将样品的前表面接地，或者前表面存在不接地的金属板，以便更真实地模拟在轨飞

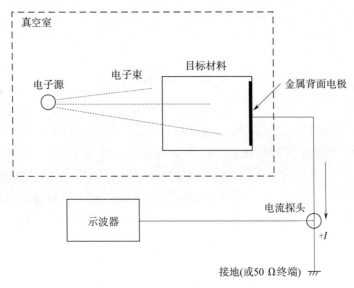

图 E-1　典型的电子束试验设置图

行情况。在本例中，电子在沉积到样品表面或内部后，可能传导进入背电极，或者由于样品电阻率较大而停留在材料之中。如果样品内的电荷未泄漏至背电极，则样品内电荷会持续积累，直至电场超过样品绝缘强度，进而发生 ESD 放电现象。

电流探头与示波器可用于确定材料的 ESD 电流波形。如果材料与金属背电极之间发生一次击穿放电，则电流探头会直接测量到放电脉冲。从放电脉冲波形中，可以得出峰值电流、脉冲宽度以及放电电量。如果输出终端是 50 Ω，则可以测定放电电压波形，并能估算出放电能量。

进行内部放电（IESD）试验的最好方法，是用一定能量的电子穿透到电介质内部。首先，在真空中对样品进行干燥处理（干燥处理的时间最好为 1 个月），然后采用 $1 \sim 10 \ nA/cm^2$ 强度的电子束流辐照样品数小时，并进行监测，如果材料样品在该试验中未发生放电现象，则在轨道环境下会表现良好。

试验中也可以采用其他诊断仪器，例如用 Rogowski 线圈监测材料对"空间"（对腔体壁）的放电，或者用 RF 传感器（EMC 天线与接收器）监测放电的电磁辐射谱。

E.2　绝缘强度/击穿电压

绝缘强度（或击穿电压）可用于 ESD 定量分析。一般来说，电介质的绝缘强度可以通过查询已公布的材料参数表来得到。必要情况下，可以采用图 E-2 中 ASTM D-3755-97 标准给出的方法进行试验。试验前通常应当对待测样品进行声波清洁处理。一般来说，对于涉及内部放电现象的任何材料，最好采用真空烘烤，以便清除材料所吸收的水分以及其他污染物。试验的目的是测量电介质击穿的临界电压，即绝缘强度，单位为 V/mil，结果中还应当包含试验样品的厚度 d。

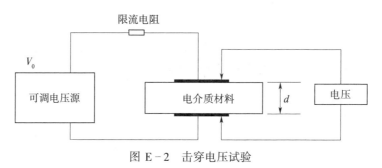

图 E-2　击穿电压试验

E.3　电阻率/电导率的确定

电导率与电阻率互为倒数，$\rho\ (\Omega \cdot m) = 1/\sigma\ (1/\Omega \cdot m)$。电阻率是指单位长度、单位截面的某种材料的电阻，如图 E-3 所示。电介质材料的体电阻率是内部充电评估的必要参数。如果在现有的材料参数表或者生产厂商提供的材料参数中并未找到材料电阻率参数，可以采用多种方法测定，具体方法之一可参见下文内容。ASTM

D-257-07 给出了直流电阻率或电导率的标准试验方法[2]。

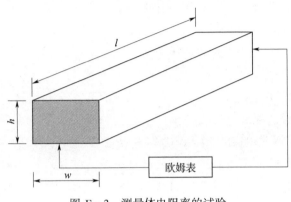

图 E-3　测量体电阻率的试验

另有一种电阻率参数，即表面电阻率，该参数适用于薄膜材料或表面涂层。表面电阻率 ρ_s 等于二维平面方形材料从一边到相对另一边的电阻。它也指绝缘体表面的电阻率，对于该情况而言，如果绝缘体表面由于加工或处理过程而受到污染，则可能与体电阻率存在较大的差异。表面电阻可用下式表示

$$R = \rho_s \times l/w \qquad (E-1)$$

式中　R——样品表面从一端到另外一端的电阻（Ω）；

　　　ρ_s——表面电阻率（Ω 或 Ω/sq）；

　　　l——样品的长度（m）；

　　　w——样品的宽度（m）。

对于正方形表面来说（长度等于宽度），不同面积大小的材料相对两边的电阻总是一样的，因此，表面电阻率常常用"欧姆/平方"，即 Ω/sq 作为单位，虽然正确的单位是 Ω。

E.4　体电阻率的简单测量方法

图 E-3 显示了电阻率的概念。材料一端到另外一端的电阻如下所示

$$R = \rho \frac{l}{hw} \qquad (E-2)$$

式中　ρ——体电阻率（国际标准单位为 $\Omega \cdot m$），有时也采用 ρ_v 表示；

　　　l、w、h——材料的长度、宽度和高度。

　　因此，可以得到

$$\rho = R \frac{hw}{l} \qquad (E-3)$$

电导率（S 或 σ）是电阻率的倒数

$$\sigma = \frac{1}{\rho} \qquad (E-4)$$

　　对于高电阻率的测量，会出现各种困难，比如电阻过高以至于无法采用欧姆表进行测量、电阻率随电压改变、电阻率是温度的函数（温度越低电阻越大）、由于吸收水分引起电阻率变化，以及测量时电流从表面泄漏而非流过材料内部等。某些测量仪器，例如惠普 4329 A 型高阻计，再配合 16008 A 型电阻箱一起使用，可以解决上述部分问题。这类仪器可以测量非常高的电阻值，检测电压可以由用户设定，并且配备了电极环，以防止表面电流泄漏对测量结果造成的影响。测量人员应当烘烤样品去除湿气，以消除由水分造成的电阻变化。由于电阻率在较低温度下会明显升高，因此电阻率随温度的变化关系对于航天器在冷黑环境下的应用是十分重要的。对于 10^{11} Ω 以上电阻试验，烘烤和真空环境是十分必要的，因为吸收的水分会大大增加电导率。

　　暴露在辐射环境中也会增加电导率（RIC）。也就是说，材料在轨期间，可能会比地面试验有更高的电导率。定量测量辐射诱发电导率是困难的，在防护设计中，通常可以不去考虑 RIC 对 IESD 的减缓作用。

E.5　基于电子束的电阻率试验方法

　　该试验方法的优点是，在真空环境下进行试验，并采用电子束辐照来给材料充电，这符合空间的实际情况。如图 E-4 所示，在材料的前、后表面镀金属电极，或者将材料与金属片直接接触，用电子束辐照平板材料的前表面。用非接触式电位探头测量样品前表面电位，并利用皮安表测量样品背电极的接地电流。体电阻率可以采用图 E-3 所示的方法来计算。试验中需要采取屏蔽措施，以避免散射电子影响测量数据。

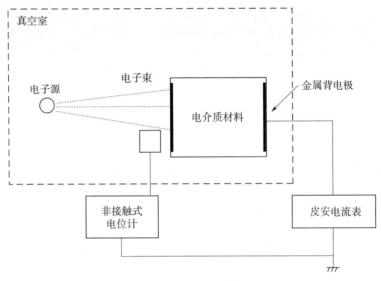

图 E-4　基于电子束的电阻率测量

E.6　非接触式电位计电阻率测量方法

如图 E-5 所示，这种方法假定电阻率不随电压变化。该方法要求待测材料前、后表面镀金属电极构成一个电容。对电容进行充电，然后断开电压，用非接触式电位计测量表面电压随时间的变化。采用非接触式测量方法是必要的，因为大多数电位计的电阻值低于被测样品，接触测量将导致测量结果不正确。采用上文公式，结合电压衰减曲线，可以用下面的方程确定电阻率

$$V = V_0 e^{-(t/\tau)} \qquad\qquad (E-5)$$

式中 t——时间（s）；

τ——$R \times C$ 时间常数（s）；

R——样品前表面至后表面的电阻（Ω）；

C——样品电容（F）。

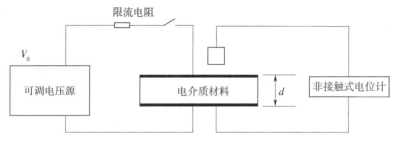

图 E-5 非接触式电位衰减电阻率测量

该方法可能存在的问题包括样品的准备（清洁度、吸收的水分，温度）以及电流通过表面和边缘的泄漏，在测量中应当考虑上述问题。建议在真空室内进行试验，以减少样品吸收的水分。如图 E-4 所示，可以采用电子束对样品进行充电，之后关闭电子束，并且监测电压衰减变化。

上述方法都存在电阻率测量范围的极限。为了测定非常高的电阻率，必须采用特殊的方法。Dennison 等在参考文献[5]中论述了他们实验室所采用的方法。

E.7 介电常数、时间常数

材料的介电常数 ε，可以通过试验进行测量，但是一般可从生产厂商获得。根据介电常数 ε 和电阻率 ρ 的相关知识，可以确定材料的弛豫时间常数。以 RC 电路为例，时间常数是电容器电压衰减至初始值 $1/e$，或者 37% 左右所需的时间（图 E-6）。

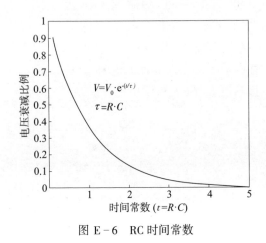

图 E-6　RC 时间常数

如图 E-7 所示，如果一块矩形材料表面和背部有金属电极，即构成一个电容器，电容值为

$$C = \varepsilon \frac{A}{d} \qquad (E-6)$$

图中以及式（E-6）中

ε——材料的介电常数，$\varepsilon = \varepsilon_0 \times \varepsilon_r$；

ε_0——真空介电常数，$\varepsilon_0 = 8.85 \times 10^{-12}$ F/m；

ε_r——材料相对介电常数，通常在 2~4 之间；

A——样品面积；

d——样品厚度。

图 E-7　确定材料的时间常数

如果采用国际单位制（SI），电容单位为法拉（F）。通常，航天器充电相关的典型电容值在皮法量级，因此多采用皮法（pF）

表示。

矩形平板材料泄漏电阻采用下式表示

$$R = \rho \frac{d}{A} \tag{E-7}$$

式中　ρ——材料体电阻率，常用单位 $\Omega \cdot cm$，计算中应保持单位一致，以使电阻结果的单位为 Ω。

对于图 E-7 中的几何形状来说，电荷泄漏时间常数（τ）为

$$\tau = \rho \varepsilon \tag{E-8}$$

五倍时间常数之后，电压将降低至初始电压的 1% 以下；在 0.01 倍时间常数时，电压是初始值的 99%。航天器上使用的材料时间常数最好为 1 小时或更低，以避免电荷累积造成 ESD 现象[6]。

如果已知介电常数以及电阻率，则可以采用时间常数来表征材料。这只是一种理论描述方式。许多高电阻率材料在施加电压或者受到辐射的时候，其电阻为非线性。因此，上述表征方式只是一种近似。例如，通过电子束试验发现，关闭电子束后（保持真空状态）材料电荷泄漏时间可能长达数百小时。

E.8　Vzap 试验

Vzap 试验主要用于检测电子仪器在装配过程中耐受电流脉冲的能力。图 E - 8 所示为典型的试验设置（MIL - STD - 883G

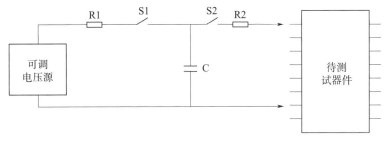

图 E-8　Vzap 试验设置

3015.7[7]），电容 ［（100±10)% pF］ 通过电阻 R1（10^6 Ω<R1<
10^7Ω) 充电后，断开电源（S1 开关)，然后电容通过 R2（R2 =
1 500 Ω)对待测仪器放电，逐步增加电压，直至仪器出现故障。这
些参数代表了来自人体的静电放电威胁。可以按照能够耐受的最高
试验电压，即损伤电压阈值对硬件进行分类：0 级（0 ~ 249 V)、
1A 级（250 ~ 499 V)、1B 级（500 ~ 999 V)、1C 级（1 000 ~
1999 V)、2 级（2 000 ~ 3 999 V)、3A 级（4 000 ~ 7 999 V)，以及
3B 级(>8 000 V)。

　　上述检测虽然能提供器件 ESD 敏感度的某些信息，但这种宽泛
的试验也许达不到预期的精确性。在此处提及，是因为生产厂商可
能已对器件的 ESD 敏感度进行了此类试验。对于真实的空间放电事
件来说，R2 的数值似乎处于 10 ~ 100 Ω 之间，而且很可能处于 10 ~
50 Ω 之间。

　　图 E - 9 显示了 Trigonis 对不同器件、电容值以及串联电阻值
（R2）的试验结果[8]，表明了损伤电压阈值随各种试验参数的变化。
图中每一类型的点，代表了相同类型器件的不同样品在不同电压和
不同电容条件下的 Vzap 试验结果。正负电压均进行了试验，而且施
加到最脆弱管脚位置。图中曲线表示在各种试验条件下损伤任一器
件所需的最小能量。该曲线的特征之一是每个器件均存在最小损伤
电压阈值 。对于一些新的器件来说，该电压最低可达 5 V。第二个
特征是，在电容较小情况下存在恒定能量区域（图中并不明显）。第
三个特征是，随着电容减少，能量似乎逐步增加，这可能是固定器
件时的杂散电容产生的一种假象。应当采用最低能量进行静电放电
敏感度的相关分析。图中可见，对于一些器件，0.5 μJ 即可造成损
害，反之，ESD 至少需要释放 0.5 μJ 的能量才可能对器件造成损
伤。当然，针对实际使用的器件进行试验更为合适。

E.9　脉冲干扰试验

　　脉冲干扰试验在电磁兼容（EMC）领域很常见。脉冲注入采用

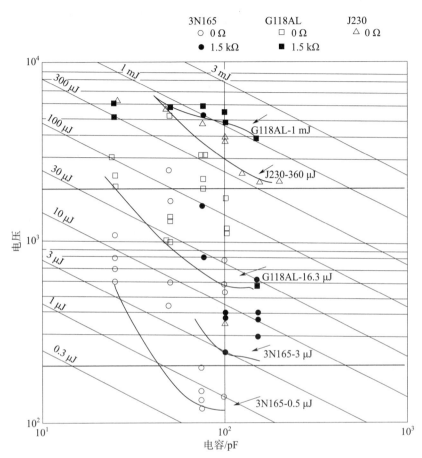

图 E-9　Vzap 试验的典型结果，表明了给定参数下
的最小损伤能量阈值（基于 Arthur Trigonis 的试验结果[8]）
（注：斜线代表恒定能量：$E = 0.5CV^2$）

感性或容性耦合，具体可以参考 MIL‑STD‑462 电磁干扰特性测量。
EMC 试验与 ESD 试验的差异在于脉冲的宽度：EMC 的脉冲宽度一般
为 10 μs，而 ESD 的脉冲宽度则大约为 10~100 ns。一个全面和完整
的试验应当包含不同脉冲宽度，确定敏感电压和能量阈值。试验应
当包括待测装置的所有管脚和正负脉冲。试验时输入信号应包含高、

低和中间状态。这种全面的试验包含很多工作，但试验人员应当清楚，任何的疏漏都将导致试验的不完整。

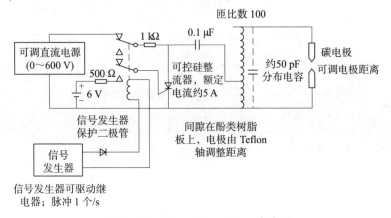

图 E‑10　MIL‑STD‑1541A 脉冲源

表 E‑1　典型间隙宽度，电压和能量水平

间隙宽度/mm	V_b/kV	E/μJ
1	1.5	56.5
2.5	3.5	305
5.0	6.0	900
7.5	9.0	2 000

有两种脉冲源可以提供脉冲敏感度试验。第一种是 MIL‑STD‑1541A 脉冲源，详见图 E‑10 和表 E‑1。这种脉冲源提供电容放电脉冲，通过设定电容充电电压和电极间隙距离大小来调整放电脉冲幅度。第二种脉冲源是工业用模拟人体放电源（Schaeffner 公司可提供此类试验装置）。这种脉冲源可以采用电池供电，并且提供电容放电脉冲，充电电压可调，从而控制放电脉冲幅度。这种脉冲源的脉冲时间很短（大约在 150 ns 量级），而且与 MIL‑STD‑1541A ESD 脉冲源相比信号十分干净。为更好地模拟空间在轨 ESD 放电情况，

上述 ESD 脉冲源应进一步改进。

E. 10　部件/组件试验

可能受放电影响的部件和组件应当进行 ESD 敏感度试验。待测部件或组件应当安装在基板上并且正常工作。将脉冲注入部件之中，通过监测仪器的状态确定是否发生扰动。采用的脉冲应当包含可能出现的电流幅度、电压和脉冲宽度。需要注意的是，应当将脉冲装置与被测部件和监测设备进行电学隔离。

E. 11　表面充电 ESD 试验环境

单能电子束试验目前已用于评估材料表面充放电的危害。

E. 12　系统级航天器内部 ESD 试验

目前不存在便利的、低成本的系统级内部 ESD 试验方法。

参 考 文 献

[1] Anonymous, Standard Test Method for Dielectric Breakdown Voltage and Dielectric Strength of Solid Electrical Insulating Materials Under Direct – Voltage Stress, ASTM D – 3755 – 97, ASTM International, West Conshohocken, Pennsylvania, 2004.

[2] Anonymous, Standard Test Method for DC Resistance or Conductance of Insulating Materials, ASTM D – 257 – 07, ASTM International, West Conshohocken, Pennsylvania, 18 pages, 2007.

[3] Anonymous, Hewlett – Packard Operating and Service Manual for Model 4329A High – Resistance Meter (and Model 16008A Resistivity Cell), 1983. With 16008 Resistivity Cell, directly displays high values of resistivity (saves calculation effort).

[4] Anonymous, Hewlett – Packard Operating Note for Model 16008A Resistivity Cell, Hewlett – Packard, undated.

[5] J. R. Dennison, J. Brunson, P. Swaminathan, N. W. Green, and A. R. Frederickson, "Methods for High Resistivity Measurements Related to Spacecraft Charging," IEEE Transactions on Plasma Science, vol. 34, no. 5, pp. 2191 – 2203, October 2006.

[7] Anonymous, Test Method Standard for Microcircuits, MIL – STD – 883G, Method 3015. 7 (March 22, 1989), United States Department of Defense, 716 pages, February 28, 2006.

[8] A. Whittlesey, Example of Semiconductor Damage Thresholds from Capacitor Discharge, Interoffice Memorandum 5137 – 11 – 042, D – 69594 (internal document), Jet Propulsion Laboratory, Pasadena, California, May 10, 2011.

[9] Anonymous, Measurement of Electromagnetic Interference Characteristics, MIL – STD – 462D, United States Department of Defense, 189 pages, January 11, 1993.

[10] Anonymous, Electromagnetic Compatibility Requirements for Space Systems, MIL – STD – 1541A (USAF), United States Air Force, 42 pages, December 30, 1987. 185.

附录 F　旅行者号 SEMCAP 分析

本附录介绍了旅行者号（Voyager）的空间充电评估和 ESD 敏感度分析事例。为了模拟旅行者号上的放电效应，试验采用了在航天器上或附近进行高压激发电极火花放电和平板电容放电的方法。这些放电源产生的辐射电磁场大致在 SEMCAP（Specification and Electromagnetic Compatibility Program）[1] 的规定范围之内，同时于关键部位上产生的感应电压，采用电路分析方法进行估算（注：因为业界已经不再支持 SEMCAP，附录中未对其进行详细描述）。之后采用示波器测量关键部位上的感应电压。将测量数据与预测结果进行对比，验证计算模型的准确性。正如之前预料的那样，由于存在很多的未知变量，预测结果与实际情况肯定会存在一定的差异。

测量结果与预测结果之间的平均误差为 - 12 dB（测量结果低于预测结果），标准偏差为 20 dB[2]。假定上述精度范围适用于预测旅行者号在飞行中的反应，那么根据 SEMCAP 分析结果，我们认为航天器可以抗击 20 mV 以下的电弧放电。对于研究而言，12 dB 的平均偏差以及 20 dB 的标准偏差似乎过大了。尽管预测精度有限，但仍根据 SEMCAP 的分析，对旅行者号做了多次设计更改，最终明显改善了旅行者号抵抗放电的能力。虽然旅行者号在飞行中仍然遇到了几次放电事件，但基于 SEMCAP 分析与试验所做的设计更改，被认为明显增强了航天器的生存能力，而且避免了其在木星附近完全失效。

由此得出的结论认为，即使工具所能提供的量化结果不十分准确，但仍然有助于提升设计理念，并据此改进设计方案，从而系统强化航天器的抗 ESD 能力。

参 考 文 献

[1]　R. Heidebrecht, SEMCAP Program Description, Version 7. 4, TRW, Electromagnetic Compatibility Department, Space Vehicles Division, TRW Systems Group, Redondo Beach, California, 1975.

[2]　A. C. Whittlesey, "Voyager Electrostatic Discharge Protection Program," IEEE International Symposium on EMC, Atlanta, Georgia, pp. 377 – 383, June 1978. 187.

附录 G 用于航天器表面充电简单分析的方程

附录 D 介绍了内部带电分析，本附录将介绍表面充电分析。此处讨论的，是最恶劣情况下的表面充电问题。如果初步分析结果表明，非接地材料表面不等量带电的电位差低于 400 V，应该没有表面放电问题。如果初步分析结果表明，材料表面电位差超过 400 V，应当采用 Nascap－2k（附录 C.3.3）做进一步分析。

虽然航天器充电所涉及物理过程十分复杂，但在假设等离子体麦克斯韦－玻尔兹曼分布的前提下，还是可以采用相对简单的公式来表述地球同步轨道的表面充电问题。航天器充电的基本问题是电流平衡问题，在平衡状态下，所有电流总和为零。平衡电位即是航天器与航天器周围等离子体之间的电位差。可以采用多个电流项[1]，对特定表面区域的电流平衡方程表示如下

$$I_E(V) - [I_I(V) + I_{SE}(V) + I_{SI}(V) + I_{BSE}(V) + I_{PH}(V) + I_B(V)] = I_T$$

$$(G-1)$$

式中　V——航天器电位；

　　　I_E——航天器表面入射电子电流；

　　　I_I——航天器表面入射离子电流；

　　　I_{SE}——入射电子电流导致的二次电子电流；

　　　I_{SI}——入射离子电流导致的二次电子电流；

　　　I_{BSE}——入射电子的背散射电子电流；

　　　I_{PH}——光电子电流；

　　　I_B——主动充电电流，比如带电粒子束，或者离子推进器；

　　　I_T——航天器总充电电流（平衡状态下，$I_T = 0$）。

对于球体和麦克斯韦－玻尔兹曼分布，一阶电流密度（单位面积上的电流）可以采用下列方程计算[1]（适用于 GEO 位置的小型导电

球体）：

电子

$$
J_{E} = \begin{cases} J_{E0}\exp(\dfrac{qV}{kT_{E}}) & V < 0 \quad \text{排斥} \qquad (G-2) \\ \\ J_{E0}(1 + \dfrac{qV}{kT_{E}}) & V > 0 \quad \text{吸引} \qquad (G-3) \end{cases}
$$

离子

$$
J_{I} = \begin{cases} J_{I0}\exp(-\dfrac{qV}{kT_{I}}) & V > 0 \quad \text{排斥} \qquad (G-4) \\ \\ J_{I0}(1 - \dfrac{qV}{kT_{I}}) & V < 0 \quad \text{吸引} \qquad (G-5) \end{cases}
$$

其中

$$
J_{E0} = \frac{qN_{E}^{*}}{2}\left(\frac{2kT_{E}}{\pi m_{E}}\right)^{\frac{1}{2}} \qquad (G-6)
$$

$$
J_{I0} = \frac{qN_{I}}{2}\left(\frac{2kT_{I}}{\pi m_{I}}\right)^{\frac{1}{2}} \qquad (G-7)
$$

式中　N_{E}——电子密度；

　　　N_{I}——离子密度；

　　　m_{E}——电子质量；

　　　m_{I}——离子质量；

　　　q——电子电量；

　　　T_{E}——电子温度；

　　　T_{I}——离子温度。

给定上述公式和二次电子及背景散射参数，利用方程（G-1）就可以解析描述某一点的电位。该模型称为探针分析模型，具体公式如下所示

$$
A_{E}J_{E0}[1 - SE(V, T_{E}, N_{E}) - BSE(V, T_{E}, N_{E})]\exp(\frac{qV}{kT_{E}}) - A_{I}J_{I0}[1 +
$$

$$
SI(V, T_{I}, N_{I})](1 - \frac{qV}{kT_{I}}) - A_{PH}J_{PH_{0}}f(X_{m}) = I_{T} = 0 \quad V < 0 \qquad (G-8)
$$

式中　A_E——电子收集面积；

　　　　J_{E0}——空间电子电流密度；

　　　　A_I——离子收集面积；

　　　　J_{I0}——空间离子电流密度；

　　　　A_{PH}——光电子发射面积；

　　　　J_{PH_0}——饱和光电子电流；

　　　　BSE, SE, SI——背散射、电子和离子二次电子发射系数；

　　　　$f(X_m)$——日光通量衰减函数。

该方程适用于在不考虑地球磁场效应情况下，地球同步轨道的小尺寸（<10 m）、均一导体航天器充电。为了求解该方程，V 需不断变化直至 $I_T = 0$。对于铝而言，SI、SE 和 BSE 的典型数值分别为 3、0.4 和 0.2。对于地球同步轨道而言，J_E/J_I 在地磁暴期间数值大约为 30。

如方程（2-7）所示，如果航天器处于背阳面轨道，并忽略次二电子及背散射，从方程（G-8）可以得到电压与电流和温度的关系为

$$V \sim \frac{-T_E}{q} \times \ln \frac{J_E}{J_I} \qquad (G-9)$$

式中 T_E 的单位是 eV。从上式可以得出，当航天器处于背阳面轨道，充电电位量级正比于等离子体温度和电子电流对离子电流比值的自然对数。应当注意的是，在实际计算中，二次电子电流起着重要的作用。T_E 必须超过某些临界值[2-5]，量级通常在 1 000 eV 以上，才可能发生充电现象。对于较低的 T_E 而言，二次电子电流可能超过入射电流。此外，$\ln(J_E/J_I)$ 通常比 T_E 变化范围更大，相比 T_E，充电程度与 $\ln(J_E/J_I)$ 关系更大些[6]。

参 考 文 献

[1] H. B. Garrett, "The Charging of Spacecraft Surfaces," Reviews of Geophysics and Space Physics, vol. 19, no. 4, pp. 577 – 616, November 1981. A nice summary paper, with numerical examples and many illustrations. This and Whipple (1981) [7] are two definitive papers on the subject, each covering slightly different aspects.

[2] H. B. Garrett and S. E. DeForest, "Analytical Simulation of the Geosynchronous Plasma Environment," Planetary and Space Science, vol. 27, pp. 1101 – 1109, 1979.

[3] R. C. Olsen, "A Threshold Effect for Spacecraft Charging," Journal of Geophysical Research, vol. 88, pp. 493 – 499, January 1, 1983.

[4] S. T. Lai and D. J. Della – Rose, "Spacecraft Charging at Geosynchronous Altitudes: New Evidence for Existence of Critical Temperature," Journal of Spacecraft and Rockets, vol. 38, pp. 922 – 928, 2001.

[5] V. A. Davis, M. J. Mandell, and M. F. Thomsen, "Representation of the Measured Geosynchronous Plasma Environment in Spacecraft Charging Calculations," Journal of Geophysical Research, vol. 113, no. A10204, doi: 10. 1029/2008JA013116, 2008.

[6] H. B. Garrett, D. C. Schwank, P. R. Higbie, and D. N. Baker, "Comparison Between the 30 – 80 keV Electron Channels on ATS – 6 and 1976 – 059A During Conjunction and Application to Spacecraft Charging Prediction," Journal of Geophysical Research, vol. 85, no. A3, pp. 1155 – 1162, 1980.

[7] E. C. Whipple, "Potentials of Surfaces in Space," Reports on Progress in Physics, vol. 44, pp. 1197 – 1250, 1981.

附录 H 电路板空白区域防充电设计原理

在第三章的防护设计指南中规定，不应有面积超过 0.3 cm² 的空白电介质区域存在，并在 3.2.3.2.6 节给出了限制电路板上空白区域积累电荷的方法，本附录是该方法的推导过程。本附录中的内容未经过试验验证。

推导过程采用了理想假设，即电路板从表面至底部全部都是电介质，电路板内没有接地的金属平面或金属布线。如果实际情况是电路板在某深度处存在接地平面，则本推导得出的储能将大于实际数值。指南建议在电路板内增加接地面，从而降低其充电的程度。

一个面积为 A，电压为 V 的电容，其能量为

$$E = \frac{1}{2}CV^2 \qquad (\mathrm{H}-1)$$

式中　E——能量（J）；

　　　C——电容（F）；

　　　V——电压（V）。

电路板的材料为 FR4，相对介电常数为 4.7，面积 1 cm×1 cm，厚度 2 mm（即 80 mil），放电电压为 2 000 V。根据以上假设，可得该电路板上存储了大约 $2×10^{10}$ 个电子，单位面积上的电子数被认为与内部放电密切相关。由此，计算得到的储量大约为 4 μJ。设计中如果要保护 1 μJ 灵敏度的对象，则空白电路板的面积应当小于 0.3 cm²。

代入方程

$$C = \varepsilon_0 \varepsilon_r \frac{A}{t} \qquad (\mathrm{H}-2)$$

式中　$\varepsilon_0 \varepsilon_r$——电容材料的介电常数；

t——电容厚度。

如果放电电压与厚度成正比（$V = k \times t$），则方程（H-1）为

$$E = 0.5(\varepsilon_0 \varepsilon_r \frac{A}{t})(k \times t)^2 \qquad (H-3)$$

或者

$$E = 0.5(\varepsilon_0 \varepsilon_r A)k^2 t \qquad (H-4)$$

式中　k——材料击穿强度（单位 V/m）。

方程（H-4）显示，电容存储的能量与厚度成正比。如果将接地面与前表面的距离缩小为 8 mil，则存储的能量就会小于 20 mil 的情况，风险也相对降低。接地面在充电过程中为电介质提供了持续泄漏电荷的通道，在放电过程中也提供了比电子器件更好的放电渠道。

在上面的推导中，假设材料是正方形块状的，如果材料的形状是细长的，就难以将能量通过一个放电脉冲释放出来。此处规定区分块状与条状的纵横比是 3∶1，也就是说"不应有面积超过0.3 cm^2 的空白电介质区域存在"这条防护设计指南，允许宽度小于 0.3 cm 的长条状电介质存在。

图 H-1（与图3-1相同）显示了电路板空白面积与接地深度之间的关系，可据此制定设计规范。假设采用标准 80 mil 厚的 FR4 电路板，则由图可知，空白面积不应超过 0.3 cm^2。

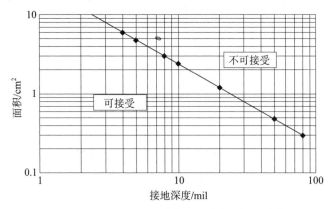

图 H-1　FR4 电路板允许面积随接地深度变化

　　已有试验测量了从一块电路板的金属区域放电至邻近布线所传递的能量[1]。从面积 1 cm² 充电金属放电至邻近电路板上 50 Ω 负载金属布线的能量约为 0.5 μJ，大约是上面计算得到的面积 1 cm² 厚度 80 mil 电路板存储能量的十分之一，这也许意味着放电的能量传输效率约为 10%。该试验结果为上文的推导结果提供了初步验证。

参 考 文 献

[1] P. L. Leung, G. H. Plamp, and P. A. Robinson, Jr., "Galileo Internal Electrostatic Discharge Program," Spacecraft Environmental Interactions Technology 1983, October 4 - 6, Colorado Springs, Colorado, NASA CP - 2359/AFGL - TR - 85 - 0018, National Aeronautics and Space Administration, pp. 423 - 435, 1983.

附录 I 地球同步轨道最恶劣环境的附加描述

表 I-1 中列出的最恶劣情况下的地球同步轨道环境,来自于几次大规模充电事件发生时的在轨实测数据。这些探测数据可以采用双麦克斯韦分布拟合,应用于 Nascap-2k 等充电分析软件中。注意,在表 I-1 中,Tav,Trms 和 AST-6 双麦克斯韦分布参数均为各向同性归一化参数。SCATHA 双麦克斯韦参数对应于平行和垂直磁场入射。

这三个已记录的环境事件,均引起卫星较高的充电电位(一次发生在 ATS-6,另外两次发生在 SCATHA)。因此,在卫星设计中,更谨慎的评估应当采用这三种环境分别进行分析,这样可以更充分地检验卫星在各类恶劣环境下的充电效果。

其他的最恶劣地球同步轨道环境描述见表 2-1(2.2.2 节,采用了单麦克斯韦分布表述)、表 B-1 和表 B-2(B.2.1 节)。

表 I-1 地球同步轨道最恶劣环境

参数	Deutsch[1] ATS-6	Mullen[2] SCATHA	Mullen[3] SCATHA
电子			
数密度 (ND) /cm^{-3}	1.22	0.9	3
电流密度 (J) /nA·cm^{-2}	0.41	0.187	0.501
能量密度 (ED) /eV·cm^{-3}	2.93E+04	9.60E+03	2.40E+04
能量通量 (EF) /eV·cm^{-2}·s^{-1}·Sr^{-1}	2.64E+13	6.68E+12	1.51E+13
分布 1 的数量密度 (N_1) /cm^{-3}	0		
平行	—	0.2	1.0
垂直	—	0.2	0.8
分布 1 的温度 (T_1) /keV	0		

续表

参数	Deutsch[1] ATS-6	Mullen[2] SCATHA	Mullen[3] SCATHA
电子			
平行	—	0.4	0.6
垂直	—	0.4	0.6
分布 2 的数密度（N_2）/cm^{-3}	1.22		
平行	—	0.6	1.4
垂直	—	2.3	1.9
分布 2 的温度（T_2）/keV	16.0		
平行	—	24.0	25.1
垂直	—	24.8	26.1
电子平均温度（T_{av}）/keV	16	7.7	5.33
电子均方根温度（T_{rms}）/keV	16.1	9	7.33
离子（质子）			
数密度（ND）/cm^{-3}	0.245	2.3	3
电流密度（J）/$nA \cdot cm^{-2}$	0.00252	0.00795	0.0159
能量密度（ED）/$eV \cdot cm^{-3}$	1.04E+04	1.90E+04	3.70E+04
能量通量（EF）/$eV \cdot cm^{-2} \cdot s^{-1} \cdot Sr^{-1}$	2.98E+11	3.42E+11	7.48E+11
分布 1 的数密度（N_1）/cm^{-3}	0.00882		
平行	—	1.6	1.1
垂直	—	1.1	0.9
分布 1 的温度（T_1）/keV	0.111		
平行	—	0.3	0.4
垂直	—	0.3	0.3
分布 2 的数密度（N_2）/cm^{-3}	0.236		
平行	—	0.6	1.7
垂直	—	1.3	1.6
分布 2 的温度（T_2）/keV	29.5		
平行	—	26	24.7
垂直	—	28.2	25.6
离子平均温度（T_{av}）/keV	28.4	5.5	8.22
离子均方根温度（T_{rms}）/keV	29.5	12	11.8

参 考 文 献

[1] M. – J. Deutsch, "Worst Case Earth Charging Environment," Journal of Spacecraft and Rockets, vol. 19, no. 5, pp. 473 – 477, 1982.

[2] E. G. Mullen, D. A. Hardy, H. B. Garrett, and E. C. Whipple, "P78 – 2 SCATHA Environmental Data Atlas," Spacecraft Charging Technology 1980, NASA CP 2182/AFGL – TR – 81 – 0270, National Aeronautics and Space Administration, pp. 802 – 813, 1981.

[3] E. G. Mullen, M. S. Gussenhoven, and H. B. Garrett, A 'Worst Case' Spacecraft Environment as Observed by SCATHA on 24 April 1979 AFGL – TR –81 – 0231, AFGL, Hanscom Air Force Base, Massachusetts, 1981.

附录 J　航天器充电相关重要文献

本附录收集了该领域相关的一些文献。文献的搜集受作者的知识、经验和想法的影响而带有很强的个人色彩，并且限于篇幅省略了很多有价值的文献。感兴趣的读者也可以进一步通过这些文献所引用的文献去了解更多的信息。此外，每个章节或附录后也有相关参考文献。各种充电会议文集中也包括了大量有价值的技术文档。

J.1　美国官方文档

J.1.1　DoD

AFGL - TR - 77 - 0288	H. B. Garrett, Modeling of the Geosyn - chronous Orbit Plasma Environment - Part 1, 1978
AFGL - TR - 78 - 0304	H. B. Garrett, E. G. Ziemba, and S. E. Deforest, Modeling of the Geosynchronous Plasma Environment - Part 2, ATS - 5 and ATS - 6 Statistical Atlas I, 1978
AFGL - TR - 79 - 0015	H. B. Garrett, R. E. McInerney, S. E. Deforest, and B. Johnson, Modeling of the Geosynchronous Orbit Plasma Environment - Part 3, ATS - 5 and ATS - 6 Pictorial Data Atlas, 1979
AFRL - VS - TR - 20001578	6th Spacecraft Charging Technology Conference, October 26 - 29, 1998, Air Force Research Laboratory, Hanscom Air Force Base, Massachusetts. D. L. Cooke and S. T. Lai, compilers 该会议文献记录在 CD 中，其中包括 SEE 出版物 SEE/TP - 2005 - 600（J. Minor, compiler, NASA MSFC），该 CD 包括第一至第八届航天器充电会议电子文档和照片

续表

AFWAL – TR – 88 – 4143, Vol. II	W. G. Dunbar, Design Guide: Designing and Building High Voltage Power Supplies, Materials Laboratory, Air Force Wright Aeronautical Laboratories, Patterson Air Force Base, Ohio, August 1988. 该文献包含好的设计思想
MIL – STD – 461	Requirements for the Control of Electro – magnetic Interference Characteristics of Subsystems and Equipment. 多个版本，版本 F 是 2007 年最新结果。通常一个好的 EMC 设计，有助于航天器 ESD 防护
MIL – STD – 462	Measurement of Electromagnetic Inter – ference Characteristics, July 31, 1967
MIL – STD – 883G	Test Method Standard for Microcircuits, Method 3015.7, Electrostatic Discharge Sensitivity Classification, March 22, 1989 该文献描述了 Vzap 试验方法，用于试验电子器件对人体模型 ESD 反应
MIL – STD – 1541A	Electromagnetic Compatibility Requirements for Space Systems 附录 E.9 中 "Schematic Diagram of Arc Source" 来源于 MIL – STD – 1541A (30 December 1987)
MIL – STD – 1686	Electrostatic Discharge Control Program for Protection of Electrical and Electronic Parts, Assemblies, and Equipment (Excluding Electrically Initiated Explosive Devices), October 25, 1995
MIL – STD – 1809	Space Environment for USAF Space Vehicles, February 19, 1991 该文献包括一些可以用于电子输运程序的电子谱，为 NASA – HDBK – 4002A 提供地球环境材料
PL – TR – 93 – 2027 (I)	Proceedings of the Spacecraft Charging Technology Conference, 1989, Volume I., R. C. Olsen, ed., October 31 – November 3, 1989, Naval Postgraduate School, Monterey, California

J. 1. 2　NASA

NASA - CP - 2004 - 213091	Spacecraft Charging Technology Conference, J. L. Minor, compiler, October 20 - 24, 2003. Marshall Space Flight Center, Huntsville, Alabama
NASA - CP - 2071	Spacecraft Charging Technology - 1978. (Also AFGL - TR - 79- 0082.) October 31 - November 2, 1978. United States Air Force Academy, Colorado Springs, Colorado 空间环境与航天器相互作用的详细介绍
NASA - CP - 2182	Spacecraft Charging Technology - 1980 (also AFGL - TR - 81 - 0270.), November 12 - 14, 1980, United States Air Force Academy, Colorado Springs, Colorado 空间环境与航天器相互作用的详细介绍
NASA - CP - 2359	Spacecraft Environmental Interactions Technology - 1983 (also AFGL - TR - 85 - 0018.) October 4 - 6, 1983, United States Air Force Academy, Colorado Springs, Colorado 空间环境与航天器相互作用的详细介绍
NASA - HDBK - 4001	Electrical Grounding Architecture for Unmanned Spacecraft, February 17, 1998 该文献是必要的通用手册。文献中图例的接地在仪器盒外面，该图例为原理图而非实际应用图。接地应当在仪器盒内部以符合 EMC 设计要求，避免电场干扰导入或导出仪器盒
NASA - HDBK - 4002	Avoiding Problems Caused by Spacecraft On - Orbit Internal Charging Effects, National Aeronautics and Space Administration, Washington, District of Columbia, February 17, 1999
NASA - HDBK - 4002A	Mitigating in - Space Charging Effects—A Guideline, National Aeronautics and Space Administration, Washington, District of Columbia, March 3, 2011
NASA - HDBK - 4006	Low Earth Orbit Spacecraft Charging Design Handbook, June 3, 2007 该文献由 NASA 两位资深的航天器太阳电池表面充电领域研究专家编写，包含丰富的参考文献。参见 NASA - STD- 4005

续表

NASA - RP - 1354	J. L. Herr and M. B. McCollum, Spacecraft Environments Interactions: Protecting Against the Effects of Spacecraft Charging, November 1994
NASA - RP - 1375	R. D. Leach and M. B. Alexander, Failures and Anomalies Attributed to Space Charging, August 1995
NASA - STD - 4005	Low Earth Orbit Spacecraft Charging Design Standard, June 3, 2007 NASA 对 LEO 轨道的充电设计标准，给出了 LEO 的充电防护设计，部分设计也适用于 GEO 和 HEO。参见 NASA - HDBK - 4006
NASA TMX - 73537	Proceedings of the Spacecraft Charging Technology Conference (also AFGL - TR - 77 - 0051), C. P Pike and R. R. Lovell, eds. October 27 - 29, 1976, United States Air Force Academy, Colorado Springs, Colorado, 1977 空间环境与航天器相互作用的详细介绍
NASA/TP - 2003 - 212287	D. C. Ferguson and G. B. Hillard, Low Earth Orbit Spacecraft Charging Design Guidelines, February 2003. 参见 3.2.4.2 节附加信息
NASA TP - 2361	Design Guidelines for Assessing and Controlling Spacecraft Charging Effects, 1984 编写 NASA - HDBK - 4002A 的两个依据之一

J.2　非美国官方文档

J.2.1　美国材料试验协会（ASTM）

ASTM D - 257 - 61	Standard Test Methods for DC Resistance or Conductance of Insulating Materials, 1961 试验方法适用于常规介质材料。对于高电阻率绝缘材料，可以采用其他试验方法（参见 ASTM D 257 - 91）
ASTM D - 257 - 91	Standard Test Method for DC Resistance or Conductance of Insulating Materials, 1991 适用于高阻材料的试验方法

续表

ASTM D - 3755	Standard Test Method for Dielectric Breakdown Voltage and Dielectric Strength of Solid Electrical Insulating Materials under Direct - Voltage Stress, March 10, 1997

J. 2. 2 欧洲空间标准合作组织 (ECSS)

这些文献包括未发行的文稿，可以在 ESA - ESTEC 网站上获取，网址为 http://www. ecss. nl. 获取文献需要在网站上注册，注册仅需要用户名和邮箱地址提交给：

ECSS Secretariet

ESA - ESTEC

Noordwijk, The Netherlands

ECSS - 20 - 06	Spacecraft Charging - Environment - induced Effects on the Electrostatic Behaviour of Space Systems 该文献未公开发表
ECSS - E - ST -20 - 06C	Space Engineering, Spacecraft Charging Standard, July 31, 2008. 文献目的在于提供更多的航天器充电防护设计规则，包含背景物理知识和航天器充电相关信息。该文献是十分好的参考材料，虽然有时对相同问题提供了不同答案（依据于适用的环境）

J. 2. 3 欧洲空间研究和技术中心

SP - 476	7th Spacecraft Charging Technology Conference; 2001: A Spacecraft Charging Odyssey, April 23 - 27, 2001, Noordwijk, The Netherlands

J. 2. 4 日本宇宙航空研究开发机构 (JAXA)

SP - 05 - 001E	9th Spacecraft Charging Technology Conference, T. Goka, compiler. April 4 - 8, 2005. Epochal Tsukuba, Tsukuba, Japan

J. 2. 5　其他

QinetiQ/KI/SPACE/HB042617	D. J. Rodgers, Spacecraft Plasma Interaction Guidelines and Handbook, June 30, 2004. Produced for ESA/ESTEC by QinetiQ ltd, Farnborough, Hampshire, England. Xxxxx 另外一个可提供更多背景知识的文献: http://www. space. qinetiq. com/spigh/Technical%20note%201. pdf on April 14, 2011
SD 71 - 770	The Effects of Radiation on the Outer Planets Grand Tour, November 1971 (also NASA - CR - 127065, National Aeronautics and Space Administration) Prepared for the Jet Propulsion Laboratory by Space Division, North American Rockwell 该文献在 NASA 文献服务器上可以获取: http://ntrs. nasa. gov/search. jsp